WERKSTATTBÜCHER

FÜR BETRIEBSBEAMTE, KONSTRUKTEURE U. FACHARBEITER
HERAUSGEGEBEN VON DR.-ING. H. HAAKE VDI

Jedes Heft 50—70 Seiten stark, mit zahlreichen Textabbildungen
Preis: RM 2.— oder, wenn vor dem 1. Juli 1931 erschienen, RM 1.80 (10% Notnachlaß)
Bei Bezug von wenigstens 25 beliebigen Heften je RM 1.50

Die Werkstattbücher behandeln das Gesamtgebiet der Werkstattstechnik in kurzen selbständigen Einzeldarstellungen; anerkannte Fachleute und tüchtige Praktiker bieten hier das Beste aus ihrem Arbeitsfeld, um ihre Fachgenossen schnell und gründlich in die Betriebspraxis einzuführen.
Die Werkstattbücher stehen wissenschaftlich und betriebstechnisch auf der Höhe, sind dabei aber im besten Sinne gemeinverständlich, so daß alle im Betrieb und auch im Büro Tätigen, vom vorwärtsstrebenden Facharbeiter bis zum leitenden Ingenieur, Nutzen aus ihnen ziehen können.
Indem die Sammlung so den einzelnen zu fördern sucht, wird sie dem Betrieb als Ganzem nutzen und damit auch der deutschen technischen Arbeit im Wettbewerb der Völker.

Einteilung der bisher erschienenen Hefte nach Fachgebieten

(Fortsetzung 3. Umschlagseite)

WERKSTATTBÜCHER

FÜR BETRIEBSBEAMTE, KONSTRUKTEURE UND FACH-
ARBEITER. HERAUSGEBER DR.-ING. H. HAAKE VDI

HEFT 24

Stahl- und Temperguß

Ihre Herstellung, Zusammensetzung, Eigenschaften und Verwendung

Von

Dr.-Ing. Erdmann Kothny

Professor an der Deutschen Technischen Hochschule in Brünn

Zweite,
vollständig neu bearbeitete Auflage
(8. bis 13. Tausend)

Mit 41 Abbildungen
und 20 Tabellen im Text

Berlin
Verlag von Julius Springer
1940

ISBN-13: 978-3-642-98478-5   e-ISBN-13: 978-3-642-99292-6

DOI: 10.1007/978-3-642-99292-6

Inhaltsverzeichnis.

Einleitung.

Das vorliegende Heft beschäftigt sich mit der Einteilung, den Eigenschaften, der Verwendung und Prüfung des Stahl- oder Stahlform- und des Tempergusses. Es soll dem in der Gießerei tätigen Techniker, Meister und Vorarbeiter sowie dem werdenden Ingenieur ein Leitfaden sein, der ihnen alles Wesentliche über den Stahl- und Temperguß vermittelt. Es schließt sich an das Heft Nr. 19, Gußeisen, an. Einzelne Abschnitte dieses Heftes sind in den Werkstattbüchern Heft Nr. 14 und 17, Modelltischlerei, Heft Nr. 30, Einwandfreier Formguß, Heft Nr. 37, Modell- und Modellplattenherstellung für die Maschinenformerei und Heft Nr. 66, Maschinenformerei, ausführlich behandelt.

Erster Teil.

Stahlguß.

I. Was ist Stahlguß?

Stahlguß (Stahlformguß) ist in Formen vergossener Stahl, der aus weißem oder grauem Roheisen, Gußeisen-, Stahlguß- und Stahlabfällen im Siemens-Martin- oder Elektroofen, oder aus grauem Roheisen im Kleinkonverter, oder aus Puddel- oder Siemens-Martinstahl und deren Abfällen und aus Roheisen im Tiegelofen erschmolzen wurde. Sein wesentliches Kennzeichen ist, daß er ohne jede weitere Wärmebehandlung schmiedbar ist. Gußstücke aus Gußeisen, das unter Zusatz von Stahlabfällen erschmolzen wurde, oder Gußstücke aus Gußeisen, die durch eine besondere Wärmebehandlung stahlähnliche Eigenschaften erhielten, sind kein Stahlguß.

II. Geschichte und Statistik.

Der Stahlguß ist eine deutsche Erfindung. JAKOB MEYER hat 1851 in der Gußstahlhütte Meyer und Kühne in Bochum zum ersten Male Tiegelstahl in beliebige Formen vergossen. Nach Einführung der anderen Flußstahlverfahren wurden auch diese bis auf das Thomasverfahren zur Erzeugung von Stahlguß herangezogen — Sauerer SM-Ofen 1867 (Krupp, Essen), basischer SM-Ofen etwas später dortselbst, Kleinkonverter 1886, Elektroofen 1905 —. Bis 1887 wurde nur harter Stahlguß hergestellt. In diesem Jahre gelang es ASTHÖWER, Gußstahlhütte Annen, einen weichen für Stahlguß geeigneten Stahl zu erschmelzen.

Von der Weltflußstahlerzeugung wurden 1913 2,48%, 1937 1,56% auf Stahlguß verarbeitet. Der starke Rückgang ist auf den großen Abfall der Stahlgußerzeugung der Vereinigten Staaten zurückzuführen, 1913 1,04, 1937 nur 0,26 Mill. t. In Deutschland hat sich der Anteil des Stahlgusses an der Flußstahlerzeugung in den gleichen Zeitraum von 1,85% auf 3,35% erhöht. Es ist seit 1934 der größte Stahlgußerzeuger der Welt. Im Jahre 1937 hat es 0,655 Mill. t und damit 36,6% der Weltstahlgußerzeugung hergestellt.

Der Stahlguß ist an dem Welteisenverbrauch mit etwa 2% beteiligt. Das Verhältnis der Stahlguß- zur Gußeisenerzeugung ist ungefähr 1 : 12. Der überwiegende Teil des Stahlgusses wird für Bauzwecke verwendet. Werkzeuge werden nur vereinzelt aus Stahlguß hergestellt.

III. Einteilung und Zusammensetzung.

Der Stahlguß wird nach seiner Zusammensetzung in unlegierten und legierten Stahlguß eingeteilt. Beide Arten enthalten als gewollte, d. h. bewußt zugesetzte Begleiter Mn und Si. Diese Elemente desoxydieren den Stahl, das Si erhöht auch noch sein Gaslösungsvermögen, so daß der Stahl erst mit ihrer Hilfe dicht erstarrt. Ihr Gehalt richtet sich nach dem Grade der Oxydation des Stahles beim Schmelzen. Er schwankt bei Mn von 0,3 bis 1%, bei Si von 0,15 bis 0,5%. In beiden Stahlgußarten sind als schädliche, daher ungewollte Begleiter P, S, Gase, nichtmetallische Einschlüsse und andere vorhanden. Damit der Stahlguß durch ihren Einfluß nicht unbrauchbar wird, darf ihr Gehalt bestimmte Grenzen nicht überschreiten. Hochwertiger unlegierter Stahlguß soll nicht mehr als je 0,04%, legierter Stahlguß nicht mehr als je 0,03% P und S enthalten. Bei Kleinkonverter- und saurem Siemens-Martinstahlguß sind nach Vereinbarung auch höhere Gehalte zulässig.

1. Unlegierter Stahlguß liegt vor, wenn seine mechanischen und physikalischen Eigenschaften nur mit Hilfe des C (Eisenkarbid) geregelt werden. Der Einfluß dieses Begleiters auf die Streck-, Bruch-Grenze, Dehnung, Einschnürung, Schwin-

Tabelle 1. Unlegierter Stahlguß.

Einteilung		Eigenschaften (geglüht)			Zusammensetzung			Verwendung für Gußstücke
Klasse	Marke St. G.	σ_{zB}	σ_{zF}	δ_5	C	Mn	Si	
		> kg/mm		> %	$\approx$			
(DIN 1681) Stahlguß mit gewährleistete Festigkeitseigenschaft — Normal-Güte	38.81	38	—	20	0,15	0,5 bis 1,0	0,2 bis 0,4	die dynamisch mäßig beansprucht sind und — sehr zäh sein müssen / höhere / hohe / sehr hohe — Festigkeit aufweisen sollen
	45.81	45	—	16	0,25			
	52.81	52	—	12	0,40			
	60.81	60	—	8	0,50			
	38.81 R	38	—	25	0,15			des Lokomotiv- und Wagenbaues (Reichsbahn)
	50.81 R	50	—	19	0,30			
Sonder-Güte	38.81 S	38	18	25	0,12	0,5 bis 1,0	0,2 bis 0,4	die dynamisch höher beansprucht sind und — sehr zäh sein müssen / höhere / hohe — Festigkeit aufweisen sollen
	45.81 S	45	22	22	0,25			
	52.81 S	52	25	16	0,40			
bes. magn. Eigensch. Festigkeitseigensch. wie Normalgüte	38.81 D	magnetische Induktion mindestens B_{25} B_{50} B_{100} / 14500 16000 17500 CGS-Einheiten (Gauß)			0,10 ... 0,2	< 0,3	< 0,3	für Gußstücke des Elektromaschinenbaues
	45.81 D							
Harter Stahlguß	C 55	65	—	6	0,55	0,5 bis 0,8	0,2 bis 0,3	Zahn- und Schneckenräder, Kammwalzen, Herzstücke, Walzenspindeln
	C 65	70	—	4	0,65			
	C 75	75	—	2	0,75			Ventile, Kolben f. Gasmotoren, Kollergangsteile
	C 85[1]	80	—	2	0,85			Platten für Kugelmühlen

[1] Perlitisches Gefüge. Alle übrigen haben ein unterperlitisches Gefüge.

gungsfestigkeit und Kerbzähigkeit ist der Abb. 1 zu entnehmen. Sie zeigt, daß geringe Änderungen des Kohlenstoffgehaltes schon bedeutende Veränderungen der Festigkeitseigenschaften zur Folge haben. Der billige Kohlenstoff genügt für den weitaus größten Teil des Stahlgusses zur Regelung seiner Eigenschaften, so daß der überwiegende Teil der Gesamterzeugung unlegierter Stahlguß ist.

Tabelle 1 gibt seine Einteilung, seine Festigkeit, magnetischen Eigenschaften und Verwendung wieder. Der weiche und mittelharte Stahlguß ist in der DIN 1681 genormt. Auf sie entfällt der größte Teil des unlegierten Stahlgusses. Der harte Stahlguß wird nur wenig verwendet.

2. Legiert ist der Stahlguß dann, wenn seine mechanischen, physikalischen und chemischen Eigenschaften außer durch C noch durch eines oder mehrere der folgenden Elemente geregelt werden: Mn⟩ 1%, Si⟩ 0,5%, Cr, Ni, Mo, W, V, Cu, Al und andere. Ihr günstiger Einfluß kommt nahezu ausschließlich erst nach einer bestimmten Wärmebehandlung zum Ausdruck. Tabelle 2 gibt

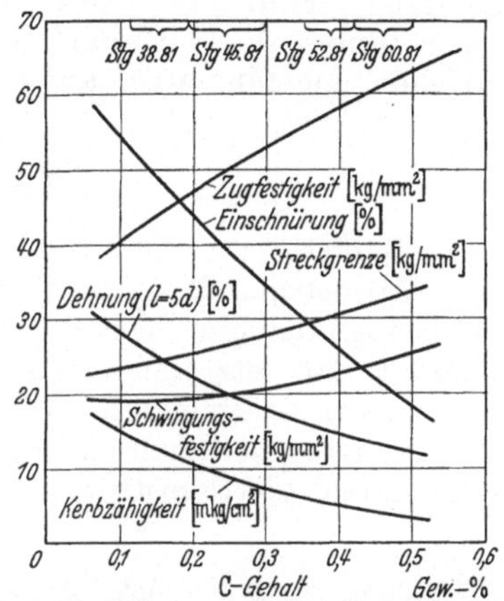

Abb. 1. Festigkeitseigenschaften von Stahlguß. (PIWOWARSKY.)

den Einfluß dieser Elemente auf die Eigenschaften des Stahles allgemein wieder. Sie ermöglichen es, daß der Stahlguß den verschiedensten Beanspruchungen gerecht werden kann. Billige Legierungselemente sind: Mn, Si, Cr, Cu. Die übrigen sind kostspielig, bis auf Al und V sind sie auch devisenpflichtig.

Der legierte Stahlguß ist noch nicht genormt. Tabelle 3 enthält einen Vor-

Tabelle 2. Einfluß der Legierungselemente auf die Eigenschaften des Stahles.

Element (RM)	je 0,1% σ_{zB} + kg/mm²	je 0,1% δ_F — %	$\dfrac{\sigma_{zF}}{\sigma_{zB}}$	Kerb-zähigkeit	Warm-Festigkeit	Verschleiß-Festigkeit	magnet. Induktion	Rost-beständigkeit	Feuer-beständigkeit	Überhitz-empfindlich	Durch-härtung	Lage des Perlitpunktes S Höhe	Lage des Perlitpunktes S seitlich
C (—)	6	3,7	—	—	+ bis 400°	+	—	0	0	+	+	0 je %	
Mn (1,0)	0,9	0,3	perl. + aust. —	+	+	+ aust. bes.	—	0	—	+	+ stark	—10°	
Si (1,0)	2	0,3	+	+	0	+	0	0	+	+	+	bis 3%	
Cr (3,0)	0,6	0,25	+	+ stark	+	+	—	+	+ stark	>15% +	+ stark	+ 25°	links
Ni (3,5)	0,5	0,2	perl. + aust. —	+ stark	+	+ aust. bes.		+	+ stark	—	+ s.stark	—10°	
Mo (14)	2,5	0,2	+	+ stark	+ stark	+	—	+	—	—	+ stark	einige Grade +	
W (4,7)	0,4	—	+	+	+ stark	+	—	—	+	—	0 WCr+	einige Grade +	
V (33)	2,5	0,6	+	+	+	+	—	—	—	—	0		rechts
Al (4,0)	0,3	0,1	+	+	0	0	—	—	+	+	0	+	links
Cu (2,5)	2,0	0,2	+	+	0	0	—	+	—	—	0	—	—

(RM) je 0,1 % je t Stahl.

schlag für seine Einteilung in Gruppen, Klassen und Arten. Sie bringt weiter die Eigenschaften, Zusammensetzung und Verwendung der wichtigsten Marken der einzelnen Arten. Infolge der ständig steigenden Ansprüche des Maschinen-, Flugzeug-, Fahrzeug-, Automobil- und Apparatebaues an die Güte des Stahlgusses nimmt der Verbrauch an legiertem Stahlguß von Jahr zu Jahr zu. Heute entfallen ungefähr 10% auf den legierten Stahlguß.

IV. Eigenschaften.

3. Gefüge. Das Gefüge des Stahlgusses ist durch seine Zusammensetzung und Wärmebehandlung bedingt. Tabelle 1 und 3 enthalten auch Angaben über das Gefüge der einzelnen Stahlmarken im Natur- und im normalisiert geglühten Zustand. Im letzteren ist das Gefüge gleichmäßiger und in den meisten Fällen auch feiner ausgebildet. Die weichen und mittelharten unlegierten und die einfach oder mehrfach niedrig legierten Stahlgußmarken sowie der kohlenstoffarme chromlegierte rostfreie Stahlguß haben ein unterperlitisches Gefüge (Abb. 2a).

a   b   c   d   Vergr. 400×

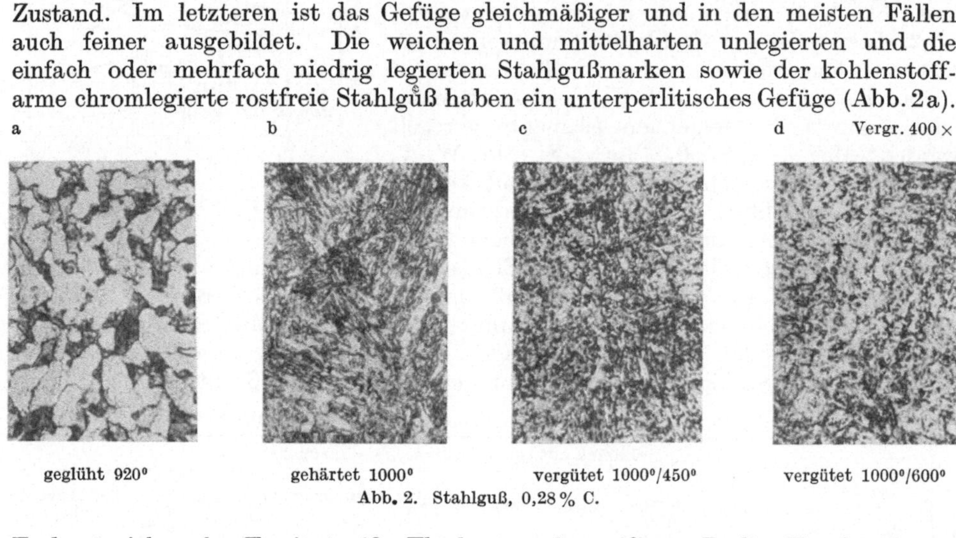

geglüht 920°   gehärtet 1000°   vergütet 1000°/450°   vergütet 1000°/600°

Abb. 2. Stahlguß, 0,28% C.

Es baut sich auf α-Ferrit (weiße Flächen) und streifigem Perlit (Eutektoid von α-Ferrit und Eisenkarbid) auf. Je höher der Kohlenstoffgehalt dieser Stähle ist, um so größer ist der Perlitanteil im Gefüge. Liegt der Kohlenstoffgehalt des unlegierten oder des niedrig legierten Stahlgusses bei 0,85%, so sind diese Stähle rein perlitisch. Über 0,85% werden sie überperlitisch, sie weisen dann neben Perlit noch Zweitzementit in netzförmiger Form auf. Der reinperlitische Stahl der gleichen Art ist der festeste.

Sind die unterperlitischen Stähle härtbar, Kohlenstoffgehalt > 0,3%, so kann ihr Gefüge durch das Härten, das ist Erhitzen über A_{c3} und Abkühlen mit einer Geschwindigkeit, die größer ist als die obere kritische Geschwindigkeit des Stahles, in den martensitischen Zustand übergeführt werden. Martensit (Abb. 2b) ist die feste Lösung von α-Eisen und Eisenkarbid. Sie ist erzwungen und daher mit inneren Spannungen und dadurch mit einer hohen Härte verbunden.

Durch das Nachlaßvergüten, das aus dem Härten und Nachlassen des gehärteten Stahles auf Temperaturen über die Zerfallstemperatur des Martensites besteht, kann das Gefüge dieser Stähle verändert werden, und zwar bei niedriger Nachlaßtemperatur in Osmondit (Abb. 2c), submikroskopische Ausscheidung des α-Eisens und des Eutektoides (hart vergütet), bei mittlerer in Sorbit (Abb. 2d), etwas gröbere aber immer noch submikroskopische Ausscheidung der Zweitbestandteile (zäh vergütet), bei hoher in Feinperlit (zäh vergütet). Diese Über-

Tabelle 3. Legierter Stahlguß.

Gruppe	Klasse	Art	σ_{zF} kg/mm²	σ_{zB}	δ_5 %	ψ %	C	Mn	Si	Cr	Ni	Mo	Gefüge im Naturzustand	Verwendung	Temp.
			Mittelwerte												
Stahlguß mit besonderen mechanischen Eigenschaften	für Einsatzhärtung	E CrMo (Kern Öl gehärtet)	70	100	10	—	0,15	0,85	0,35	1,0	—	0,25	unterperlitisch	Zahn- u. Kettenräder verschleißfeste Maschinenteile	
			90	120	7	—	0,18	0,95	0,35	1,1	—	0,25			
	für hohe dynamische Beanspruchung	V Mn	40	60	22	35	0,35	1,2	0,3	—	—	—		hochbeanspruchte Maschinenteile	
		V Si	32	55	25	45	0,25	0,5	1,5	—	—	—			
		V Ni	35	55	16	45	0,25	1,0	0,3	—	1,0	—		Teile elektr. Masch. u. Lafettenteile	
		V Ni	38	55	18	60	0,23	0,45	0,3	—	2,7	—		Schiffschrauben	
	für höchste dynamische Beanspruchung	V CrNi	50	70	20	60	0,30	0,6	0,3	0,5	1,5	—		Höchstbeanspruchte Maschinen, Kraftwagen, Wagen, Flugzeugteile	
		V CrNi	70	90	17	45	0,30	0,6	0,3	0,75	3,5	—			
	warmfest	V CrMo	30	53	20	55	0,2	0,6	0,35	1,0	—	0,30		warmfester Stahlguß	
		V CrMo	68	90	12	35	0,35	0,6	0,35	1,0	—	0,50		Hochdruckarm. Turbinengeh.	
			—	—	—	—	0,20	0,6	0,4	<6,0	—	0,50		Öl- und Hydrierindustrie	
		V Mo	25	45	22	—	0,20	1,8	0,4	—	—	>0,3		Hochdruckarmaturen	
	verschleißfest	Si	50	80	18	30	0,40	0,5	1.5	—	—	—		Kegel-, Zahn-, Laufräder, Herzstücke, Mahlplatten, -ringe, Blockwalzen	
		Cr	60	80	14	30	0,50	0,7	0,4	1,0	—	—			
	warmverschleißfest	CrW	—	—	—	—	0,75	0,3	1,0	2,0	—	W 1,5		Pilgerschrittwalzen	
		Cr	—	—	—	—	3,0	0,6	0,3	1,3	—	—	ledeb.	Walzdorne für Rohre	
Stahlguß mit besonderen physikalischen Eigenschaften	unmagnetisch	Mn	42	40	35	25	1,2	12,0	0,5	—	—	—	aust.	Teile von Läufern, Endplatten d. Blechpakete v. Umspannern	
		Ni	—	—	—	—	0,5	0,4	3,3	1,5	23	—		Schutzhauben f. Unterseeboote	
	hochmagnetisch	NiAl	Remanenz (Gauss)	7500	Koerzitivkraft (Oerstedt)	650	1,5	—	—	Al 12	25	—	—	Dauermagnete	
		Co		8500		225	1,0	W 7	—	3	Co 30	2,5			
Stahlguß mit besonderen chemischen Eigenschaften (rostfrei, bestdg. geg. schw. Säure und)	HNO₃	V Cr	55	70	12	30	0,25	$\sim$	$\sim$	>13	—	—	unterperlit. martensit.	Dampfarm., Turbinenteile, Schiffspropeller, Apparate der Nahrungsmittelindustrie	
		V CrNiMo	70	95	6	15	0,25	0,50	0,50	>16	—	1,5			
		CrMo	gegl.	70	gehärt. 60 Rc		0,5			>16	—	1,5		Plungerkolben, Ventilsitze	
		CrMn	45	60	40	25	0,25	$\sim$10,0	0,5	$\sim$18	—	—	aust.	d. Schläge u. Stöße hochbelastete Teile (Schiffbau)	
	H₂SO₄	CrMo	—	45		—	1···2,0	0,5	—	>30	—	1,5	ledeb.	Armaturen d. Zellstoff- u. Sprengstoffindustrie	
	H₂SO₄ bestimmt Konzentr.	CrNi	20	50	45	—	0,15	0,5	0,5	18	8	0···2,0	aust.		
	H₂SO₄	CrNiMo	20	50	25	—	0,15	—	—	10	20	—		Beizgeräte (auch geg. kalte HCl widerstandsfähig)	
	zunderfest	Cr	—	—	—	—	0,1		1,2	>13	—	—	feritisch	Ofenbauteile und Teile v. Feuerungsanlagen aller Art bei Temperaturen bis	800°
		Cr	—	—	—	—	0,1	0,5	1,2	>18	—	—			1050°
		Cr	—	—	—	—	0,1		1,1	>25	—	—			1100°
		CrNi	—	—	—	—	0,2	0,5	1,0	18	8	0···2,0	aust.	in schwefelfreier Atmosph.	800°
		CrNi	—	—	—	—	0,2	—	2,0	20	15	—			1050°
		CrNi	—	—	—	—	0,2	—	—	16		—	—		1150°

E = Einsatz-, V = Vergütungsstahlguß.

gangsgefüge lassen sich auch durch verschieden rasches Abkühlen des über A_{c3} erhitzten Stahles erzielen (Abschreckvergüten).

Der höher besonders mit Cr und Ni legierte Stahlguß weist schon im Naturzustand ein sorbitisches, troostistisches oder martensitisches Gefüge auf, da durch die Legierung die zur Entstehung dieser Gefüge notwendige Abkühlungsgeschwindigkeit herabgesetzt wird. Der harte rostfreie Chromstahlguß ist beispielsweise im Naturzustand martensitisch, er ist ein Lufthärter.

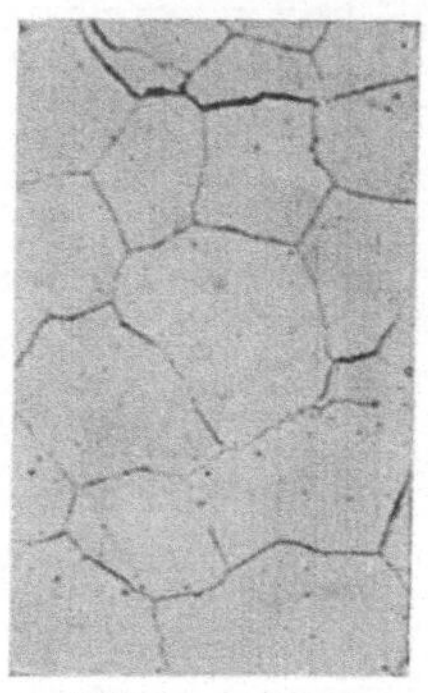
Abb. 3. Austenit.

Die mit Mn oder Ni oder mit Ni und Cr hoch legierten Stahlgußsorten sind austenitisch. Austenit (Abb. 3) ist die feste Lösung von γ-Eisen und Eisenkarbid. Die austenitischen Stähle sind sehr zäh und unmagnetisch.

Die kohlenstoffreichen, hoch mit Cr legierten Stahlgußmarken haben ein unterledeburitisches Gefüge; seine Bestandteile sind Zweitzementit, Perlit und Ledeburit (Eutektikum von Erstzementit und zerfallenen γ-Mischkristallen).

Der Einsatzstahlguß weist im einsatzgehärteten Zustande in der äußeren aufgekohlten Schicht martensitisches, im weichen Kern feinperlitisches Gefüge auf.

4. Technologische Eigenschaften. Stahl ist schwer schmelzbar. Die flüssige und die Erstarrungschwindung, die bei dem reinen Eisen bei 100° Schmelzüberhitzung, bezogen auf das Volumen bei Raumtemperatur, 3,8% beträgt, hat zur Folge, daß der Stahlguß lunkert, falls sein Vergießen und Erstarren nicht gleichzeitig beendet ist. Seine verhältnismäßig große feste Schwindung von 7,35 Vol. % hat bei ihrer Störung durch ungleichmäßige Abkühlung oder durch den Widerstand der Form Warm- oder Kaltrisse, oder Verwerfungen und Spannungen sowie Maßabweichungen zur Folge. Der P- und ein höherer C-Gehalt geben zu Kristallseigerungen Veranlassung. Bei ungleichmäßiger Erstarrung des Gußstückes werden durch diese Seigerung auch noch Blockseigerungen in bezug auf beide Elemente hervorgerufen. Der S-Gehalt bewirkt bei ungleichmäßiger Erstarrung ebenfalls Blockseigerungen. Der Stahl füllt im Vergleich zu den anderen Werkstoffen die Form schlecht aus, er ist nach seinem Verhalten beim Gießen als schwer vergießbar zu bezeichnen. Die Mindestwandstärke des Stahlgusses ist bei einfachen Gußstücken je nach ihrer Größe 3 bis 4 mm, bei verwickelten 5 mm.

Stahlguß kann warm und kalt verformt werden. Weicher unlegierter Stahlguß ist preß-, alle Stahlgußmarken sind schmelzschweißbar und wärmebehandlungsfähig. Die Art der Wärmebehandlung hängt von der Zusammensetzung und der Gestalt der Gußstücke ab. Die Zerspanbarkeit des Stahlgusses ist von seiner Härte und Zähigkeit abhängig. Der zähe austenitische Stahlguß ist besonders schwer bearbeitbar. Unlegierter Stahlguß ist bei gleicher Härte um so leichter dreh- und bohrbar, je weniger C er enthält. Si verschlechtert seine Bohrbarkeit. Ein hoher P- und S-Gehalt wirkt sich bei der Zerspanung günstig aus. Legierter Stahlguß ist bei gleicher Härte schlechter als unlegierter zu bohren. Die Gußhaut ist bei allen Stahlgußarten schlecht zerspanbar, und zwar um so schwieriger je heißer die Gießtemperatur war.

5. Mechanische Eigenschaften. a) Zugfestigkeit bei Raum-, höheren und niedrigeren Temperaturen. Die bei Raumtemperatur gewährleisteten Zugfestigkeiten des normalisiert geglühten Stahlgusses sind in der DIN 1681 (Tabelle 1) festgelegt, sie werden im allgemeinen überschritten. Tabelle 4 gibt die von anderen Stellen vorgeschriebenen Festigkeitseigenschaften wieder, sie sehen auch die Biegeprobe vor. Mit wachsender Wandstärke verschlechtern sich

Tabelle 4. Gütevorschriften.

Quelle	Marke	σ_{zF} > kg/mm²	σ_{zB} > kg/mm²	δ_5 > %	Abmaße in mm	Biege-∢	Kerbzähigkeit² < mkg/cm³	Verwendung	Besondere Vorschriften	$\sigma_{0,2}$ > kg/mm²[4] 300°	350°	σ_{DB} > kg/mm²[5] 400°	450°	500°
Germanischer Lloyd		—	38	25	30 ⌀ × 300 bes. Fälle weniger	180	—	Kessel-bau / Schiff- u. Maschinenbau	f. Schiff- u. Maschinenbau: Klangversuch, freihäng. Stück mit 3…4 kg Hammer schlagen. Fallprobe: 2…3,5 m fallen lassen, sperrige Stücke um 45⁰ umfallen lassen. Kessel- u. Maschinenbau: Wasserdruckprobe, Kesselbau 2-facher, Maschinenbau 2,5 facher Betriebsdruck.³					
			45	22										
			52	19		90								
Büro Veritas		—	40	20¹	25 ⌀ × 250	120	—	Schiffbau	Fallprobe: Wie oben. Schlagprobe: Probestab 25⌀ × 250 mm, auf zwei 160 mm voneinander entfernte Schneiden gelegt, soll 10 Schläge aus 2,75 m Höhe mit Bär von 18 kg aushalten ohne zu brechen³					
			45	18¹		90								
			50	16¹										
			55	14¹		Bg>								
Kriegsmarine u. Handelsschiffformen	Stg 38.81	18	38	25	—	(50)	(8)	Ladegeschirr						
	Stg 45.81	—	45	16		—	—	Teile untergeordneter Bedeutung						
	Stg 45 SKM	22	45	22		33	6	Teile keiner besonderen Beanspruchung		15	10	—	—	—
	Stg 55 KM	27	55	20			5	hoch beanspruchte Teile		20	15	—	—	—
	Mo Stg 45 KM	25	45	22			6	warmfester Stahlguß		22	20	18	14	12
	Cr Mo Stg 63 KM	30	53	20			5			26	24	21	19	15

¹ $\delta_{7,5}$ Zerreißstab 13,8 mm ⌀, $l = 100$ mm.

² Eingeklammerte Werte sind Richtwerte, bei besonders dickwandigen Stahlgußteilen können für die Kerbzähigkeit geringere Werte vereinbart werden, Probeform dafür 30 × 15 × 160 mit 4 mm Rundkerb, 15 mm Kerbtiefe.

³ Stahlgußanker und -Ketten sind in genehmigten Prüfanstalten Zugversuchen nach genormten Vorschriften zu unterziehen, an einzelnen Kettengliedern ist ein Schlagbiegeversuch mit bestimmtem Schlagmoment durchzuführen.

⁴ Streckgrenze nach DVM.-Prüfverfahren A 112.

⁵ Dauerstandfestigkeit nach DVM.-Prüfverfahren A 117 und A 118.

die Festigkeitseigenschaften infolge von Blockseigerungen, Änderung der Dichte und gröbere Ausbildung des Gefüges. Im zäh vergüteten (perlitischen) Zustande sind die Festigkeitseigenschaften besonders in bezug auf die Streckgrenze und die Einschnürung etwas höher als im normalisierten Zustande.

Für den legierten Stahlguß sind mit Ausnahme von der Kriegsmarine (Tabelle 4) keine Normen festgelegt. Tabelle 3 gibt die Zugfestigkeit der wichtigsten Marken des legierten Stahlgusses in den gewöhnlich verwendeten Wärmebehandlungszuständen wieder. Abb. 4 läßt ebenfalls den günstigen Einfluß der Legierungszusätze auf die Festigkeitseigenschaften erkennen. Sie zeigt, daß auch bei dem legierten Stahlguß die Festigkeitswerte im vergüteten Zustand bessere als im normalisierten Zustande sind.

Die Warmzugfestigkeit nimmt, falls der Zerreißversuch so rasch durchgeführt wird, daß während desselben keine Ausscheidungshärtung eintreten kann, mit steigender Temperatur dauernd ab. Ist während desselben eine Ausscheidungshärtung möglich, so steigt sie bis ungefähr 300° über die Ursprungsfestigkeit an, um dann dauernd abzufallen. Abb. 5 zeigt, wie sich die Zugfestigkeit und die Streckgrenze des unlegierten Stahlgusses und einzelner legierten Stahlgußmarken im normalisierten und vergüteten Zustand bei höheren Temperaturen ändert. Besonders weist der mit Mo legierte Stahlguß bei 500° noch beträchtliche Werte der Streck- und Bruchgrenze auf.

Bis — 80° nimmt die Streck- und Bruchgrenze des Stg 45 und 52 linear um 20 bis 30 % zu. Die Dehnung und Einschnürung des Stg steigt mit fallender Temperatur etwas an, die des Stg 52 fallen ab. Die Elastizitätsgrenze beider ändert sich bei dieser Abkühlung nicht.

b) Dauerstandfestigkeit. Für die Beurteilung der Werkstoffe bei hohen Temperaturen genügt die Kenntnis der Streckgrenze des Warmzerreißversuches nicht. Dafür kommt die Dauerstandfestigkeit in Frage, die für die betreffende Temperatur die Höchstbelastung angibt, bei der ein anfängliches Dehnen des Probestabes im Laufe der Zeit noch zum Stillstand kommt. Abb. 6 gibt die Dauerstandfestigkeit von un- und niedrig legiertem Stahlguß wieder, ermittelt nach dem verkürzten von POMP und ENDERS ausgearbeiteten Verfahren. Sie zeigt die Überlegenheit des Cr-Ni- und Cr-Mo-Stahlgusses. Tabelle 4 unterrichtet über die Dauerstandfestigkeit von Mo- und Cr-Mo-Stahlguß.

Zusammensetzung								
Stahl								
1	2	3	4	5	6	7	8	9
Kohlenstoff								
0,24	0,24	0,22	0,18	0,16	0,22	0,19	0,30	0,24
—	Mo 0,7	Ni 1,0	Mn 1,2	Cu 1,1	Cr 1,6	Cr 1,0	Cr 0,9	Va 0,6
—	—	—	Si 1,3	—	—	Ni 2,0	Mo 0,3	—

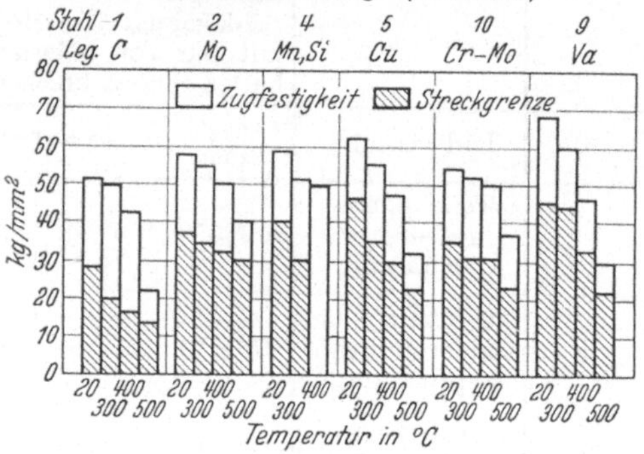

Abb. 4. Einfluß der Legierungsbestandteile und der Wärmebehandlung. (Nach RYS.)

Abb. 5. Warmfestigkeit von unlegiertem und legiertem Stahlguß.

Zusammensetzung					
Kohlenstoff					
0,36	0,36	0,18	0,69	0,36	0,40
—	Mn 2,0	Cr 2,2	Cr 2,2	Cr 1,2	Cr 2,3
—	—	—	Wo 1,0	Ni 3,0	Mo 0,4
—	—	—	—	—	Va 0,2

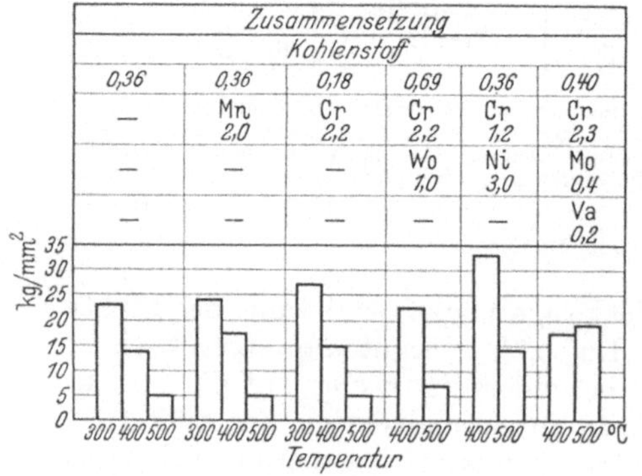

Abb. 6. Dauerstandfestigkeit von unlegiertem und legiertem Stahlguß. (Nach PIWOWARSKY.)

c) Biege- und Wechselbiegefestigkeit. Die Biegefestigkeit des Stahlgusses ist bis dreimal so groß wie seine Zugfestigkeit. Sie nimmt mit fallendem Quotienten aus Stützweite und Probedurchmesser ab. Ihre Fließgrenze ist von diesem Quotienten unabhängig. Die Wechselbiegefestigkeit des Stg 45 wurde an einem T-förmigen Gußstück im unbearbeiteten Zustande mit ungefähr 35%, im bearbeiteten mit ungefähr 45% der Zugfestigkeit festgestellt. Sie hängt von der Gestalt des Gußstückes und von der Beschaffenheit seiner Oberfläche ab. Kerbwirkungen der Gestalt — scharfe Ecken, plötzliche Querschnittsübergänge, Bohrungen, Krafteintrittsstellen und andere Einflüsse — setzen sie herab. Eine rauhe Oberfläche hat die gleiche Wirkung. Abb. 1 gibt die Schwingungsfestigkeit des unlegierten Stahlgusses wieder.

d) Kerbzähigkeit bei Raum-, höherer und niederer Temperatur. Die Kerbzähigkeit des unlegierten Stahlgusses ist nicht genormt. Der Verein der Großkesselbesitzer und die Kriegsmarine (Tabelle 4) schreiben für Stg 38.81 S eine Kerbzähigkeit von 6 bzw. 8 mkg/cm², für Stg 45.81 S eine solche von 4 bzw. 6 mkg/cm² vor, ermittelt an einer Kerbschlagprobe 30×15 mm² und einer Bruchfläche von 15×15 mm. Wie Abb. 1 zeigt, werden diese Werte überschritten. Abb. 4 gibt die Kerbzähigkeit einzelner legierter Stahlgußsorten im Vergleich zum unlegierten Stahlguß wieder. Bei beiden Stahlgußarten sind ihre Werte im zäh vergüteten Zustande höher als im normalisierten.

Mit steigender Temperatur strebt die Kerbzähigkeit bis 100° rasch, dann langsam einem zwischen 200 und 400° liegenden Höchstwerte zu. Ab diesem geht sie mit weiterer Erhöhung der Temperatur wieder zurück. Mit fallender Temperatur wird ihr Wert kleiner. Die Steilheit ihres Abfalles und dessen Beginn hängt von der Alterungsfähigkeit des Stahles ab. Bei alterungsfähigem Stahlguß fällt die Kerbzähigkeit rascher und früher. Unter — 20° sind ihre Werte in allen Fällen schon klein.

e) Verschleißfestigkeit. Für den Widerstand gegen den Verschleiß lassen sich keine praktisch verwendbaren Werte angeben, da die im Gebrauch auftretenden Verschleißbeanspruchungen sich in den einzelnen Verschleißprüfmaschinen nicht einstellen lassen. Im allgemeinen steigt die Verschleißfestigkeit mit der Härte des Stahles. Bei geringen Beanspruchungen genügt harter Stahlguß, bei höheren wird Mn-, Si-, Cr-Ni- und Cr-Mo-Stahlguß vorteilhaft verwendet. Besonders verschleißfest ist der 12 proz. Mn-Stahlguß. Er ist dem Cr-Ni- und Cr-Mo-Stahlguß jedoch nur dann überlegen, wenn er bei der Verschleißbeanspruchung durch Kaltverformung härter wird.

6. Physikalische und chemische Eigenschaften. Physikalische Eigenschaften. Der unlegierte Stahlguß hat eine Wichte von 7,85, bei dem legierten Stahlguß ist sie von der Menge und der Wichte der Legierungselemente abhängig. Die Brinellhärte H_n des unlegierten Stahlgusses beträgt das 2,78 fache der Zugfestigkeit, für die legierten Stahlgußsorten ändert sich die Umrechnung. Die Legierungselemente erhöhen die Härte erstens unmittelbar und zweitens mittelbar durch ihre Einwirkung auf das Gefüge. Die feste lineare Schwindung des un- und des niedrig legierten Stahlgusses beträgt 2%, bei höher legierten Stählen ist sie größer, sie erreicht z. B. bei dem 12proz. Mn-Stahlguß die Höhe von 3%. Die Leitfähigkeit für Wärme und Elektrizität wird durch jeden Legierungszusatz verkleinert. Legierter Stahlguß muß daher langsam erwärmt und abgekühlt werden. Auch die spezifische Wärme wird durch die Legierung geändert. Tabelle 1 gibt die nach der Norm gewährleisteten magnetischen Eigenschaften des unlegierten Stahlgusses wieder. Die austenitischen Stahlgußmarken sind unmagnetisch. Der Dauermagnetismus wird durch die Elemente Cr, W, Co, Ni und Al verbessert.

Chemische Eigenschaften. Unlegierter Stahlguß ist gegen Seewasser, Säuren und den Einfluß der Atmosphäre bei höheren Temperaturen wenig widerstandsfähig, gegen Laugen hält er bei Kohlenstoffgehalten über 0,15% stand. Die chemische Widerstandsfähigkeit wird durch einzelne Legierungselemente verbessert, so daß heute Stahlguß hergestellt werden kann, der gegen jede chemische Beanspruchung widerstandsfähig ist. Tabelle 3 gibt die wichtigsten rost-, seewasser-, säure- und feuerbeständigen Stahlgußmarken wieder. Die Rostbeständigkeit wird durch einen Cu-Gehalt über 0,3% gesteigert, auch niedrige Cr- und Ni-Gehalte verbessern sie.

V. Verwendung.

Durch Vergießen in Formen ist der Stahl leichter in technisch brauchbare Werkstücke überzuführen als durch Walzen und Schmieden und etwa noch weiter notwendige Bearbeitung mit Schneidwerkzeugen. Die Ausführung bestimmter Bauteile als Stahlguß ist überall dort in Betracht zu ziehen, wo die Gütewerte des warmbehandelten Gußzustandes den Beanspruchungen genügen und wirtschaftliche Vorteile durch diese Art der Herstellung erreicht werden.

Stahlguß wird mit Erfolg verwendet im: Kraftmaschinenbau—Dampfmaschinen, Dampfturbinen, Dieselmotoren und Verbrennungsmaschinen—, im Kessel-, Dampfleitungs- und Pumpenbau, im sonstigen Maschinenbau, im Elektromaschinenbau, Walzwerksbau, im Bau der Verkehrsmittel—Automobil, Flugzeug, Lokomotive, Eisenbahn- und Straßenbahnwagen, Geleise und Schiff.

VI. Gestaltung des Stahlgußstückes.

Die Gestalt des Gußstückes hat einen Einfluß auf seine Güte und seine Herstellungskosten. Es soll so gestaltet werden, daß seine Dauerfestigkeit jener seines Werkstoffes im glatten Probestab gleichkommt, und daß es mit den geringsten Kosten herstellbar ist. Ist das erste der Fall, so kann das Gußstück dünnwandiger und damit leichter gehalten werden, so daß weniger Stahl zu seiner Herstellung verbraucht wird. Zur Erfüllung der zweiten Forderung muß es gieß-, modell-, einform-, putz-, wärmebehandlungs-, werkstatt-, maß- und prüfgerecht entworfen sein. Die Bedingungen, die der Entwerfer zur Erfüllung dieser Forderungen bei dem Entwurf des Gußstückes berücksichtigen muß, sind dem Hefte 30 zu entnehmen. Sie bewirken, daß Ausschuß durch Lunker, Risse, Maßabweichungen und andere Gußfehler weitgehend ausgeschaltet werden, und daß die Kosten für Modell, Form, Putzen, Wärmebehandeln, Zerspanen, Prüfen und Zusammenbauen den niedrigsten Wert annehmen.

VII. Herstellung der Form.

Zum Herstellen der Form werden benötigt: Modell oder Lehre (Schablone), Formstoff, Formkästen oder ein Herd, Formwerkzeuge, Formmaschine, Trocken- oder Brennofen.

7. Modell und Lehre. Gußstücke, die Drehkörper sind (Scheiben, Räder, Glocken und andere), oder deren Form durch Führung ihrer Lehre entlang einer Leitlinie hergestellt werden kann (Rohrkrümmer, Winkel u. a.), können mit Modell oder Lehre eingeformt werden. Für die übrigen Gußstücke kommt nur das Modell in Frage. Das Modell ist das Abbild des Gußstückes. Seine Kosten K_m sind größer als die der Lehre K_l. Dafür ist der Stücklohn für das Modellformen L_m

niedriger als der für das Lehrenformen L_l. Ab der Stückzahl x, die sich durch die Formel

$$x = \frac{K_m - K_l}{L_l - L_m}$$

errechnet, ist das Modellformen billiger. Mit dem Modell ist die Genauigkeit der Form leichter zu erzielen. Sind zur Herstellung der Form Kerne notwendig (Hohlkörper und verwickelt gestaltete Gußstücke), so ist neben dem Modell oder der Lehre noch ein oder es sind mehrere Kernkästen notwendig.

Die Modelle, Lehren und Kernkästen werden gewöhnlich aus lufttrockenem Holz hergestellt, und zwar hauptsächlich aus Fichten- oder Tannen-, größere aus Kiefern-, wertvolle vielgestaltige Modelle aus Erlenholz. Bei großen Stückzahlen wird das Modell und der Kernkasten aus Grauguß, das Modell auch aus Zink, Aluminium oder Aluminium-Zink-Legierungen angefertigt. Die Modelle werden so oft geteilt, wie es zu ihrer leichten Herausnahme aus der Form notwendig ist. Sie müssen ebenso wie die Lehren um das Ist-Schwindmaß des Stahles größer gehalten werden. Ist keine Störung der Schwindung zu erwarten, so kommt es dem linearen Schwindmaß des verwendeten Stahles gleich. Das Ist-Schwindmaß wird auf Grund der Erfahrungen an ähnlichen Gußstücken ermittelt, bei großen Stückzahlen wird es an einem Probeguß festgestellt.

Die Holzmodelle werden je nach der Stückzahl der anzufertigenden Gußstücke oder je nach der gewünschten Genauigkeit des Gußstückes in drei Güteklassen hergestellt. DIN 1511, Blatt 2 legt ihre Ausführung fest. Die Vorschriften für die Farbe ihres Schutzanstriches und ihrer sonstigen Kennzeichen sind der DIN 1511 zu entnehmen. Die DATSCH-Lehrtafeln G_m, falsch und richtig, geben ein Bild über die Fehler, die bei der Ausführung der Modelle und Kernkästen gemacht werden können.

8. Form- und Kernformstoffe. Beide müssen bildsam, formfest, gasdurchlässig und feuerfest sein. Infolge der hohen Hitzebeanspruchung der Stahlgußformen, insbesonders ihrer Kerne, muß die Feuerbeständigkeit ihrer Formstoffe sehr hoch sein. Die Stahlgußform wird nur einmal verwendet, nach ihrem Gebrauch wird der Formstoff nach entsprechender Aufbereitung wieder verwertet.

a) Formstoffe. Die Stahlgußform wird je nach dem Gewichte des Gußstückes entweder aus Formsand oder aus Schamottemasse hergestellt.

Der Formsand ist in der Regel ein natürlicher tonhaltiger Quarzsand. Er kann auch künstlich durch Vermischen von reinem Quarzsand und Ton hergestellt werden (synthetischer Formsand). Nach dem Tongehalt und der Korngröße wird der Formsand in grob-, mittel- und feinkörnigen mageren oder mittelfetten oder fetten Formsand eingeteilt. Der DIN-Entwurf DVM. 2101···4 gibt die Vorschriften für seine Einteilung, Probenahme und Prüfung wieder. Zur Erzielung der notwendigen Beschaffenheit muß der neue und der gebrauchte Formsand aufbereitet, das ist getrocknet, gemahlen, gesiebt und angefeuchtet werden. Der Altsand wird außerdem noch mit einer bestimmten Menge Neusand aufgefrischt. Der Neusand wird als „Modellsand" unmittelbar an das Modell gelegt. Der aufbereitete Altsand dient als „Füllsand" zum Auffüllen der Form. Der aufbereitete Formsand beider Art soll laufend überprüft werden. Mit steigendem Tongehalt nimmt die Festigkeit der Form zu, ihre Gasdurchlässigkeit nimmt ab. Der magere Formsand kommt für sehr leichte, der mittelfette für leichte, der fette für mittelschwere Gußstücke in Frage. Werden dem mageren Formsand künstliche Bindemittel zugesetzt, die im wesentlichen aus Dextrin bestehen, so erweitert sich sein Verwendungsbereich.

Die Schamottemasse ist ein Gemenge von gemahlenem, gebranntem feuerfestem Ton, dem als Magerungsmittel gemahlener, ausgeglühter Quarz und Koks und zur Erhöhung seiner Feuerfestigkeit Graphit oder Graphittiegelscherben beigemengt werden. Die Mischung wird nur so stark angefeuchtet, daß sie gerade bildsam ist. Die neue Masse dient als Modellmasse, die mit Ton aufgefrischte alte Masse dient als Füllmasse oder als Magerungsmittel für die neue Masse.

b) Kernformstoffe. Der Kernsand ist entweder ein reiner oder ein sehr magerer Quarzsand. Besonders dem ersteren müssen zur Erzielung der Bildsamkeit Kernbindemittel (Leinöl, Leinölersatz, Kernöl, Melasse, Dextrine u. a.) zugesetzt werden. Sie geben dem Kern auch die notwendige Festigkeit. Sie sollen sich nach dem Abguß zersetzen, damit die Kerne aus dem Gußstück leicht entfernbar sind.

Die Kernmasse besteht aus den gleichen Bestandteilen wie die Formmasse, sie muß besonders feuerfest sein.

c) Schlichten. Zum Glätten der Oberfläche der Formen und der Kerne sowie zur Verbesserung ihrer Feuerbeständigkeit werden beide mit Schlichten überzogen, falls es notwendig ist. Für die Sandformen werden Graphit-Tonschlichten (Schwärzen) oder Schlichten aus gemahlenem Quarz und Dextrin verwendet. Für die Masseformen kommt als Schlichte feingemahlene besonders feuerfeste Schamottemasse in Frage. Die Sandformen und Kerne werden einmal, und zwar nach dem Trocknen geschlichtet, sie werden dann noch kurz übertrocknet. Die Schamotteformen und Kerne werden vor und nach dem Brennen geschlichtet, im letzteren Falle noch im heißen Zustande. Das Auftragen der Schlichte erfolgt mit dem Pinsel oder mit Strahlapparaten.

d) Hilfsmittel. Zur Verfestigung der Form insbesonders vorspringender Teile derselben dienen Formstifte und Sandhaken, im Kern werden dazu Kerneisen verwendet. Hat der Kern keine Kernmarken, so wird er in der Form mit Hilfe von verzinnten Kernstützen festgelegt. Weist das Gußstück Werkstoffanhäufungen auf, so muß es an diesen Stellen mit Hilfe von in die Form eingelegten Schreckplatten oder Kokillen rascher zum Erstarren gebracht werden. Genügen diese nicht, so wird der Querschnitt dieser Teile durch rost- und zunderfreie Einlagen aus dem Stahl des Gußstückes verengt, die in dasselbe einschweißen.

9. Formkästen und Herde. Die Form wird entweder in Formkästen oder in einem Herde, das ist eine Grube im Boden der Formerei, eingeformt. Die geschlossene Herdform wird durch einen Formkasten abgedeckt.

Die kleinen und die mittleren Handformkästen sind aus Grauguß, die großen aus Stahlguß hergestellt. Beide werden auch aus gewalztem Formeisen angefertigt. Ganz große Kästen werden zur Einschränkung des Formkastenparkes aus einzelnen Teilen jeweilig zusammengesetzt. Ab einer bestimmten, von der Höhe des Formkastens abhängenden Größe wird der Formkasten durch Wände — Schoren — unterteilt, an welchen die Sandhaken eingehängt werden, die dem Formstoff den Halt geben. Die kleinen Formkästen sind zu diesem Zwecke unten mit einer Sandleiste ausgestattet. Die Handformkästen, rund bis 1 m Durchmesser, rechteckig bis 0,8 mal 1 m sind genormt. Die Maschinenformkästen werden aus Stahl, Stahlguß oder Leichtmetallegierungen hergestellt. Für ihre Ausführung liegt der DIN E 1518, Bl. 2 vor. Die Formkästen müssen gut aufeinander passen, sie werden durch Stifte und Ösen geführt, damit ihr Versetzen hintangehalten wird.

10. Formwerkzeuge und Formmaschinen. Das Einformen geschieht entweder von Hand oder mit Hilfe von Formmaschinen.

Der Former hat folgende Formwerkzeuge: Schaufel zum Einbringen des Formstoffes, Hand- oder Maschinensiebe zum Auflockern des Sandes, Hand-, Druckluft- oder elektrisch betriebene Stampfer mit verschiedenen Aufschlagflächen und Gewichten zum Verdichten des Sandes, Luftspieße zum Luftstechen (Ver-

besserung der Gasdurchlässigkeit der Form), Aushebeeisen und Holz- oder Metall-
hämmer zum Entfernen des Modelles, Pinsel zum Anfeuchten der Form am
Rande des Modelles und zum Schlichten der Form, Dämmbretter, Lanzetten,
Spachtel, Glättknöpfe u. a. zum Ausbessern der Form, Blasebalg zum Ausblasen,
Zerstäubungsapparate zum Schlichten und Bestäuben der Form.

Die Formmaschinen werden nach der Art, wie sie den Formsand verdichten,
eingeteilt in: Hand-, hydraulische oder pneumatische Preß-, Hand- oder pneumatische Rüttel-, pneumatische Preßrüttel- und pneumatische oder motorische
Schleuderformmaschinen. Die Preß-, Rüttel- und Preßrüttelformmaschinen entfernen auch das Modell aus der Form. Die Schleuderformmaschinen fördern
auch den Formstoff in die Form. Die Preßformmaschinen kommen für kleine
und mittelschwere nicht zu hohe Gußstücke ohne vorspringende Teile, die Rüttel-
und Preßrüttelformmaschinen für kleine und schwere Kastenformen in Frage.
Jede dieser Formmaschinen kommt nur für Formkästen bestimmter Größe in
Betracht. Die Schleuderformmaschinen, besonders die pneumatische, sind für
alle Kastengrößen verwendbar. Bei ihrem Gebrauch muß das Modell mit besonderen Maschinen aus der Form entfernt werden. Bezüglich der Art der Entfernung des Modelles aus der Form unterscheidet man Abhebe-, Absenk- und
Durchzugsformmaschinen. Bei den letzteren wird der Teil des Modelles, der tief
in den Formsand hineinreicht, abgesenkt, der übrige Teil wird durch Abheben
des Formkastens aus der Form entfernt. Die Abhebe- und Absenkformmaschinen
sind mit oder ohne Wendeplatte ausgestattet. Die Wendeplatte ermöglicht, daß
mit derselben Formmaschine Ober- und Unterkasten unmittelbar hintereinander
eingeformt werden kann. Bezüglich der näheren Einzelheiten über die Ausführung
und Verwendung der Formmaschinen wird auf Heft 66 verwiesen.

11. Trocken- und Brenneinrichtungen. Die Feuchtigkeit der Form kühlt den
Stahl rasch ab, sie setzt dadurch sein Formfüllungsvermögen herab. Dünnwandige,
besonders verwickelte Formen, müssen zur Ermöglichung ihrer Füllung getrocknet werden. Ab einer bestimmten Wandstärke kann die Form naß oder grün vergossen werden. Von einer weiteren Wandstärke an, die von der Sperrigkeit des
Gußstückes abhängt, ist das Vergießen der nassen Form nicht mehr möglich, da
schon während des Vergießens eine Verdampfung der Feuchtigkeit eintritt, so daß
das Gußstück blasig wird. Diese Formen müssen getrocknet werden. Wird zur
Herstellung der Form ein mit künstlichen Bindemitteln vermengter magerer Formsand verwendet, dessen Bindemittel die Gasdurchlässigkeit der Form nicht herab-
setzt, aber seine Festigkeit erhöht, so können selbst Gußstücke mit verhältnismäßig dicken Wandstärken noch grün vergossen werden. Die Verwendung der
mageren Formsande mit künstlichen Bindemitteln ist nur bis zu jenen Wandstärken möglich, bei denen die Zersetzung des Bindemittels erst nach dem Erstarren des Gußstückes eintritt. Das Trocknen der Formen wird bei Temperaturen über 150° durchgeführt.

Die Schamotteformen und -kerne müssen gebrannt werden, damit auch das
gebundene Wasser des Tones ausgetrieben wird, da es sonst zur Blasenbildung
im Gusse Veranlassung gibt. Das Brennen geschieht bei Temperaturen über 650°.

Die Sandkerne aus tonhaltigem Kernsand werden getrocknet, die Kerne aus
Quarzsand und Kernbindemitteln werden gebacken.

Die Formtrockenöfen, in welchen die Kastenformen getrocknet werden,
sind aus rotem Mauerwerk hergestellt. Sie sind mit einem festen oder fahrbaren
Herd ausgestattet oder besitzen ein abhebbares Gewölbe. Sie können auch als
Tiefofen mit abhebbarem Gewölbe ausgeführt sein. Sie werden mit festen Brennstoffen — Abfallkoks, Steinkohle, Braunkohlenbriketts, Rohbraunkohle — oder

gasförmigen Brennstoffen, Gaserzeugergas oder anderen billigen Industriegasen oder elektrisch geheizt. Die Luftumwälzung im Ofenraum beschleunigt die Trocknung. Der Wärmeaufwand hängt von der Führung der Verbrennung und dem Besetzungsgrad des Ofens ab.

Die Brennöfen sind aus feuerfesten Steinen hergestellt, sie werden mit Gaserzeugergas, falls Koksofengas oder Gichtgas zur Verfügung steht, mit diesem geheizt.

Die Trocken- oder Brennapparate für die großen Formen und für die Herdformen sind ortsbewegliche mit Koks betriebene Gaserzeuger, in welchen das Gas auch noch verbrannt wird. Sie werden auf die zusammengesetzten Formen aufgesetzt, in welche die heißen Verbrennungsgase eingeblasen werden.

Die Kerntrocken- oder Backöfen, die aus mehreren über- oder nebeneinander angeordneten Kammern bestehen, werden unmittelbar mit Brennstoffen, am besten mit gasförmigen, oder mit elektrisch angewärmter Luft betrieben. Mitunter werden sie auch mittelbar mit Dampf geheizt.

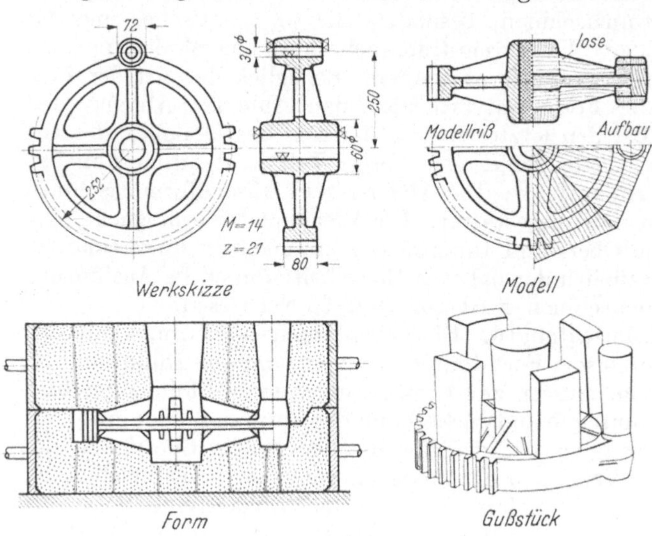

Abb. 7. Kastenguß, Stahlguß, Zahnsegment. (DATSCH.)

12. Richtlinien für das Fertigstellen der Form. Die Form muß so hergestellt werden, daß das Gußstück maßhältig und frei von Oberflächenfehlern, Lunkern, Blasen und Rissen erhalten wird. Näheres über die Ursachen der Gußfehler und ihre Vermeidung ist dem Hefte 30 und den DATSCH-Tafeln Gf 2 und Gf 3, falsch und richtig zu entnehmen. Formbeispiele können infolge des beschränkten Raumes nicht gegeben werden.

Die Gießerei soll über jedes anzufertigende Gußstück ein Merkblatt anlegen, in welchem die Ausführung des Modelles und der Form sowie die Erfahrungen, welche bei der Herstellung des Gußstückes gemacht werden, festgehalten werden. Abb. 7 ist ein Vorbild für seine Ausführung.

VIII. Erschmelzen des Stahles.

13. Allgemeines über die Stahlgußschmelzverfahren. Stahl für Stahlguß wird im Tiegel-, in dem sauren oder basischen Siemens-Martin-, dem sauren oder basischen Elektroofen und in dem sauer zugestellten Klein- oder Bessemerkonverter erschmolzen. Tabelle 5 gibt die Vor- und Nachteile dieser Schmelzverfahren und ihre Verwendungsmöglichkeiten in der Stahlgießerei wieder. Auf die Auswahl des Schmelzverfahrens haben die folgenden Umstände einen Einfluß: Art des zu erzeugenden Gusses — unlegierter Guß von Normal- oder Sondergüte, legierter Guß, schwer oder leicht vergießbarer Guß —, durchschnittliches und größtes Stückgewicht, Preis der Roh- und Brennstoffe und des Stromes, sonstige Betriebskosten, unter welchen die Tilgung und Verzinsung der Kosten der Anlage der Hauptposten ist.

Tabelle 5. Vor- und Nachteile und Verwendbarkeit der Stahlschmelzverfahren.

Verfahren		Vorteile		Nachteile		verwendbar für
Tiegel-		Hohe Stahlgüte (gut desoxydiert, entgast und entschlackt), geringer Abbrand und Ausschuß; bei Koksöfen gute Anpassung an wechselnde Beschäftigung.		Teuer durch Sondereinsatz, Tiegelkosten, hohen Brennstoffaufwand. Begrenztes Einsatzgewicht $(0,2\cdots3\ t)$.		un-, niedrig und hoch legierten, normal und schwer vergießbaren Stahlguß aller, besonders höchster Gütegrade.
Siemens-Martin-	sauer	Billiges Schmelzverfahren besonders bei Dauerbetrieb, unbegrenztes Einsatzgewicht $(>1\ t)$.	Einfache Herstellung von dichtem Guß, geringer Roheisenverbrauch.	Große Ofenmasse, daher geringe Anpassung an wechselnde Beschäftigung.	P- und S-armer Einsatz	un- und niedrig legierten normal vergießbaren Stahlguß.
	basisch		Ausscheidung des P.		—	
Klein-Konverter		Gute Anpassung an wechselnde Beschäftigung. Heißer Stahl. Sehr hohe spezifische Schmelzleistung		Großer Abbrand $<15\%$, P- und S-armer Einsatz. Beschränktes Einsatzgewicht $(1,5\cdots5\ t)$.		un- und niedrig legierten, schwer und leicht vergießbaren Stahlguß.
Elektro-	sauer	Hohe spezifische Schmelzleistung, sehr gute Desoxydation und Entgasung des Stahles, daher hohe Güte, leichte Regelung seiner Temperatur, heißer Stahl, geringer Ausschuß u. Abbrand. Gute Anpassung an wechselnde Beschäftigung, kein oder sehr geringer Roheisenverbrauch.	Geringerer Stromverbrauch und billigere Erhaltungskosten als der basische Elektroofen.	Hohe Wärmekosten, bei Hochfrequenzöfen hohe Anlagekosten des elektrischen Teiles.	P- und S-armer Einsatz, schwierige Erschmelzung von Stählen unter 0,15 C.	un-, niedrig und hoch legierten, normal und schwer vergießbaren Stahlguß aller, besonders höchster Gütegrade.
	basisch		Weitgehende Ausscheidung des P und S.			

Der überwiegende Teil der Stahlgußerzeugung entfällt auf leicht vergießbaren, un- und niedriglegierten Stahlguß, der insbesonders in den kohlereichen Staaten am billigsten in dem SM-Ofen herzustellen ist. Mit Ausnahme von Italien, Kanada, Japan und Schweden erschmelzen daher die übrigen Staaten den Stahlguß zu über 80% in dem SM-Ofen und zwar zum größeren Teile in dem basischen. In Deutschland wurden 1935 55,5% des Stahlgusses im basischen, 29,6% im saueren SM-Ofen und 14,8% im Elektroofen hergestellt. In den vier genannten Staaten war im Jahre 1935 der Elektroofen mit 85,7, 70, 64,7 und 51,1% der Hauptschmelzofen. Er dringt auch in den übrigen Staaten ständig vor, da an die Güte des Stahlgusses und an seine Vergießbarkeit immer höhere Anforderungen gestellt werden und der Anteil des hochlegierten Stahlgusses ebenfalls zunimmt. Der Kleinkonverter und der Tiegelofen werden nur noch sehr selten verwendet. Sie beide sind durch den Elektroofen verdrängt worden.

14. Roh- und Hilfsstoffe. Als Rohstoffe kommen je nach dem Schmelzverfahren und der Art des zu erzeugenden Stahles in Frage: Roheisen, Gußbruch, eigener und fremder Stahlschrott, Sonderrohstoffe und Ferrolegierungen oder Metalle.

In dem basischen Elektroofen kann der P und S, in dem basischen SM.-Ofen kann der P weitgehend ausgeschieden werden. Die Rohstoffe für den ersteren können mehr P und S, die für den zweiten mehr P als der zu erzeugende Stahl enthalten. Die Rohstoffe für den Kleinkonverter, den sauren SM-, den sauren Elektro- und den Tiegelofen dürfen nicht mehr P und S als der fertige Stahl enthalten. Die Zusammensetzung des Einsatzes der einzelnen Schmelzverfahren ist bei Besprechung derselben wiedergegeben.

a) Roheisen. Neben den Anforderungen an den P- und S-Gehalt muß das Roheisen für den Kleinkonverter und den sauren SM.-Ofen Si-reich und Mn-arm sein. Für den basischen SM.-Ofen wird vorteilhaft ein Mn-reiches und Si-armes Roheisen verwendet. Das Tiegelroheisen ist ein Mn- und Si-armes Roheisen. Tabelle 6 gibt die Zusammensetzung der wichtigsten Roheisensorten wieder.

Tabelle 6. Roheisensorten.

Roheisen		C %	Mn %	Si %	P % <	S % <
graues	Bessemer	3···3,5	0,6···0,8	1,5···2,0	0,07	0,05
	saur. Martin-	3···3,5	0,8'···1,0	2,0···3,0	0,06	0,05
weißes	bas. Martin-	4···4,5	2,0···3,0	0,4···0,8	0,3	0,05
	Tiegel- (granul.)	3,3	0,6	0,2	0,06	0,03

b) Gußbruch ist unbrauchbar gewordenes, zerkleinertes Gußeisen, das ist Grau-, Schalen- und Walzen-Hart-, selten Vollhartguß. Er ersetzt das graue Stahlroheisen teilweise, er wird auch in geringer Menge im basischen SM.-Ofen zugesetzt. Die Anforderungen an den P- und S-Gehalt haben zur Folge, daß nur hochwertiger Maschinen-, Schalen- und Walzen-Hartguß- und Kokillengußbruch in Frage kommt.

c) Eigener Stahlschrott. In der Stahlgießerei fallen 30 bis 50% des vergossenen Stahles als eigener Stahlschrott an, und zwar hauptsächlich als verlorene Köpfe und Eingüsse, im geringeren Ausmaße als Stahlspäne und Ausschußstücke. Falls verschiedene Arten der Schmelzöfen in der Stahlgießerei arbeiten, empfiehlt es sich, den unlegierten Schrott der einzelnen Ofenarten getrennt zu halten. Der Schrott des legierten Stahlgusses wird nach den Legierungselementen und deren Gehalten sortiert, damit seine Legierungsbestandteile wieder verwertet werden, und damit verhindert wird, daß sie in den unlegierten Stahlguß gelangen, in welchem sie sich beim Gebrauch desselben ungünstig auswirken können.

d) Fremder Stahlschrott ist entweder neuer oder alter Schrott. Neuer Schrott ist jener, der bei der Weiterverarbeitung des Stahles in den Werkstätten abfällt. Alter Schrott entsteht durch die Zerkleinerung der unbrauchbar gewordenen Gegenstände aus Stahl. Der unlegierte und legierte fremde Stahlschrott wird nach seiner Beschaffenheit in schweren und leichten Schrott, Schmelzeisen und Stahlspäne eingeteilt. Der legierte Stahlschrott wird nach seiner Zusammensetzung weiter unterteilt. Der unlegierte Schrott ist hauptsächlich weicher ($C < 0,2$), basischer SM.- und Thomasstahl. Einzelne Marken, wie Eisenbahnschienen ($C = 0,3 \cdots 0,5$), Radreifen ($C = 0,4 \cdots 0,5$), Eisenbahntragfedern ($C = 0,65 \cdots 0,85$),

Volutfedern (C = 0,85) und Werkzeugstahlschrott (C = 0,5$\cdots$1,5) sowie Teile des Grobblech- und Maschinenschrottes sind härter. Preßmutterschrott enthält bis 0,5 P, Schrott von Automatenstählen hat bis 0,12 P und 0,12 S. Für die Zusammensetzung des unlegierten Schrottes in bezug auf C, P und S kann nur dann eine Gewähr übernommen werden, wenn seine Herkunft bekannt ist, er muß dann auch etwas teurer bezahlt werden. Im deutschen Schrotthandel ist eine Sortierung des Schrottes nach den P- und S-Gehalten noch nicht eingeführt.

Schwerer Schrott hat ein Raumgewicht von mindestens 6000 kg, er ist nicht sperrig und gut einsetzbar. Er umfaßt alten und neuen Schrott von Schienen, Schwellen, schweren Form- und Stabeisen, Trägern, Grobblechen, gebündelte Feinblechabfälle, schweren Hammerwerksschrott, Kernschrott der Eisenbahn-, der Bauwerkstätten, Schiffswerften und Maschinenbauanstalten, zerkleinerte Maschinenteile und Eisenkonstruktionen, schaufelbare Lochputzen, Nieten, Schrauben, Bolzen, Laschen und Unterlagsplatten, zusammengedrückte Rohrabfälle, Trag- und Volutfedern, Radreifen, Räder, paketierten Schrott und Stahlspänebriketts.

Leichter Schrott sind Feinblechabfälle, leichter Gratschrott, Drahtabfälle und andere Abfälle mit geringem Raumgewicht.

Schmelzeisen ist Blechschrott jeglicher Art, dessen Maße 1,5 m nicht übersteigen, es ist frei von Hohlkörpern.

Die Stahlspäne werden in alte (verrostete) und neue schaufelbare und sperrige eingeteilt.

Der Schrott für den Tiegelofen muß tiegelgerecht, der für den Kleinkonverter kupolfertig zerkleinert sein. In dem SM.-Ofen können alle Marken des fremden Schrottes verarbeitet werden. Das Verhältnis der einzelnen Marken wird durch ihren Preis und ihren Einfluß auf die Schmelzdauer bestimmt. Größere Anteile an leichtem Schrott und sperrigen Spänen verringern infolge des stärkeren Abbrandes das Ausbringen, sie verlängern auch die Schmelzdauer und bedingen einen etwas höheren Roheisensatz. Dadurch kann der Vorteil ihres niedrigeren Preises ausgeglichen werden. Im Elektroofen wird kein Schmelzeisen eingesetzt. Infolge seines kleineren Herdraumes kommen für ihn in erster Linie schwerer Schrott und schaufelbare Späne in Betracht.

e) Sonderrohstoffe werden im Tiegelofen und mitunter im basischen und sauren SM.-Ofen verwendet. Sie kommen in den letzteren nur bei der Herstellung von hochwertigem legiertem Stahlguß in Betracht. Tabelle 7 gibt einen Überblick über sie.

Tabelle 7. Sonderrohstoffe.

Sorte		C %	Mn %	Si %	P %	S %
Puddel-Rohschienen	weich	< 0,15	Sp.	Sp.	0,03	0,01
	hart	0,8	0,18	0,09	0,02	0,01
Basischer SM.-Flachstahl	weich	< 0,2	0,6	0,04	< 0,04	0,04
	hart	0,8	0,3	0,2		
Schwedische Hufnagelabfälle		0,05	0,25	0,03	0,03	0,03

f) Ferrolegierungen werden zum Desoxydieren und Entgasen und zum Legieren des Stahles verwendet. Für den erstgenannten Zweck wird das Mn in Form von Spiegeleisen oder Ferromangan, das Si als Ferrosilizium, das Al als Hüttenaluminium dem Stahl zugeführt. Es werden dazu auch zusammengesetzte Legierungen wie Ferromangansilizium, Ferrosiliziumaluminium, Ferromangansiliziumaluminium herangezogen. Diese Zusätze sind wirksamer, sie ergeben auch dünnflüssigere Desoxydationsschlacken, die sich leichter aus der Schmelze ausscheiden. Ist der Stahl mit Mn zu legieren, so wird dazu je nach dem zulässigen Kohlenstoffgehalt des Stahles und dem Mn-Gehalt eines der Ferromangane oder Mn-Metall verwendet. Ist der Stahl ein Si-Stahl, so wird das Si in Form von 90% Ferrosilizium eingetragen. Die Zusammensetzungen der für die übrigen Legierungselemente in Frage kommenden Zusätze sowie die der bereits genannten Ferrolegierungen sind der Tabelle 8 zu entnehmen. Die niedrig gekohlten Ferrochrome sowie das Chrommetall kommen für die weichen, hoch mit Chrom legierten Stähle in Frage. Bei den Ferrolegierungen ist auf Gasfreiheit und möglichste Schlackenfreiheit zu achten, besonders wenn der Stahl hoch zu legieren ist.

g) Hilfsstoffe. Bei den Siemens-Martin- und Elektrostahlverfahren müssen neben den metallischen Einsätzen auch bestimmte Schlackenbildner zugefügt werden. Für die basischen Verfahren kommt hierfür Kalkstein oder gebrannter Kalk, für die sauren Verfahren Kalkstein und Quarzsand in Betracht. Der Kalk soll möglichst rein sein. Zur Erhöhung der Frischwirkung wird der Schlacke, wenn es notwendig ist, P- und S-reines Eisenerz (Magneteisenstein, Fe_3O_4 oder Roteisenstein, Fe_2O_3), Hammerschlag oder Walzsinter zugesetzt. Zur Steigerung der Dünnflüssigkeit der Schlacke wird im basischen SM.- und Elektroofen Flußspat verwendet.

15. Tiegelstahlverfahren. Das Tiegelstahlverfahren liefert einen gut desoxydierten, entgasten und weitgehend entschlackten, also hochwertigen Stahl. Es ist infolge des kostspieligen Einsatzes, der hohen Tiegelkosten, des hohen Brennstoffaufwandes und der hohen Löhne teuer, so daß es nur mehr sehr selten zur Stahlgußerzeugung verwendet wird.

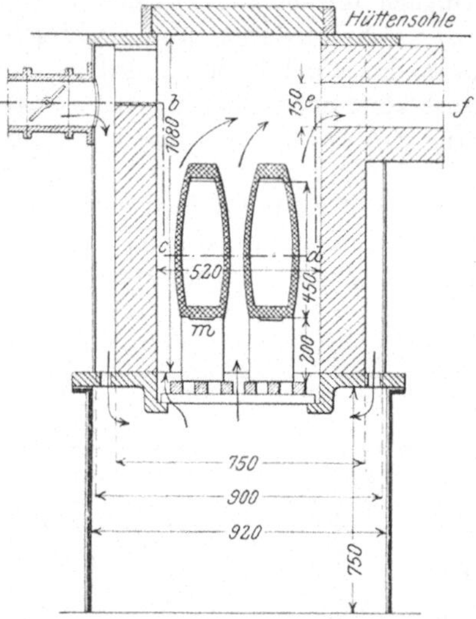

a) Der Tiegelofen ist entweder ein koksgeheizter Unterwindofen, der unter Flur aufgestellt wird und höchstens 4 Tiegel faßt, oder ein gasgefeuerter Regenerativ-Flammofen, der entweder gebaut wird als Unterflurofen mit einer Fassung bis zu 18 Tiegeln oder als Überflurofen mit einem Einsatz bis zu 60 Tiegeln. Abb. 8 gibt einen Unterwindkokstiegelofen wieder.

b) Die Tiegel sind aus Schamotte, Ton und Graphit hergestellt und fassen 35 bis 50 kg. Sie müssen bei der Herstellung sehr langsam getrocknet werden, damit sie nicht rissig werden. Sie werden sofort nach Entnahme aus der heißen Trockenkammer mit dem Einsatz angefüllt und vor dem Einsatz in den Tiegelofen in einem Vorwärmofen auf Rotglut erwärmt. Die Tiegel sind mit einem Deckel mit Loch verschlossen. Gute Tiegel

Abb. 8. Koksgefeuerter Unterwindtiegelofen.

können auch fünfmal verwendet werden. Bei jeder folgenden Schmelze muß der Einsatz um $2 \cdots 3$ kg kleiner sein, da der Tiegel sonst im Schlackenstand durchschmilzt.

c) Einsatz und Schmelzverlauf. Der Tiegeleinsatz besteht aus tiegelfertigem eigenem Stahlguß und fremdem Stahlschrott bekannter Zusammen-

Tabelle 8. Ferrolegierungen und Legierungsmetalle.

Legierung		handelsübliche, bezüglich Begleitelemente zulässige Zusammensetzung in %										
		C	Mn	Si	P	S	Al	Cr	Ni	Mo	W	V
Spiegeleisen		< 5	< 20	< 1,0	< 0,1	< 0,05						
Ferro-Mangan	Hochofen-	< 8	> 75	< 1,0	< 0,35	< 0,05						
	Elektro-	< 3	~ 80	—	< 0,25	< 0,02						
	affiné	< 1	~ 80	< 1,0	< 0,2	< 0,02						
Manganmetall		< 0,2	~ 95	< 1,5	< 0,3	< 0,01	(< 1,0)					
Ferro-Silizium	45	< 0,2	< 0,5	> 45	< 0,1	< 0,5						
	75	< 0,1		~ 75								
	90	< 0,1		> 90								
Ferro-Mn-Si·		< 1,5	~ 70	~ 22	< 0,3	< 0,02						
Hüttenaluminium		—	—	< 0,5	Sp.	Sp.	~ 99					
Ferro-Si-Al		< 0,2	< 0,5	~ 20	< 0,25	< 0,025	~ 10					
Ferro-Mn-Si-Al		< 0,3	~ 60	~ 20	< 0,05	< 0,05	~ 10					
Ferro-Chrom	hochgeh.	< 4	< 0,2	< 0,6	< 0,04	< 0,04	N_2	~ 65				
	affiné II	< 2	< 0,5	< 0,5	< 0,025	< 0,025	< 0,1	~ 65				
	affiné I	< 1[1]	< 0,5					~ 65				
Chrommetall		—	—	—	—	—	—	~ 99				
Nickel	Kathoden-	< 0,1	—ᴛ	—	< 0,05	< 0,03	—	—	99,5			
	Würfel-	< 0,3	—	< 0,2	—	< 0,03	—	—	98,5			
Ferronickel		hat mitunter hohen Si- und Al-Gehalt							~ 50			
Ferro-molybdän	silikoth.	< 0,2	—	< 0,5	< 0,05	< 0,1	—	—	—	~ 75		
	elektroth.	< 1,0	—	< 1,0		< 0,05	—	—	—	~ 75		
Molybdän-metall	pulver.	< 0,50	—	< 0,5	< 0,5	< 0,025	—	—	—	~ 96		
	gesintert	< 0,05	—	< 5,0[2]	< 0,05	< 0,05	—	—	—	~ 85		
Ferro-wolfram	aluminoth.	< 0,05	< 0,7	< 1,2	< 0,03	< 0,04	—.	—	—	—	~ 82	
	elektroth.	< 1,7	< 0,4	< 0,30	< 0,01	< 0,04	—	—	—	—	~ 85	
Wolfram-metall	pulver.	< 0,1	< 0,03	< 0,2	Sp.	Sp.	—	—	—	—	98	
	gesintert	Sp.	< 0,03	< 0,2	Sp.	Sp.	frei von Gasen				98,5	
Ferro-vanadin	aluminoth.	< 0,1	—	< 1,0	< 0,05	< 0,05	< 1,0	—	—	—	—	50 / 80
	elektroth.	< 0,5	—	< 2,0	< 0,15	< 0,1	< 2,0	—	—	—	—	45

[1] Abgestuft: C < 1, < 0,75, < 0,50, < 0,3, < 0,1%.
[2] Als SiO_2.

setzung, tiegelfertigen Puddelrohschienen und gewalztem Siemens-Martinstahl. Genügt der Kohlenstoffgehalt dieser Rohstoffe nicht, so werden Roheisengranalien zugesetzt. Alles soll möglichst rostfrei sein. Bei der Zusammenstellung des Einsatzes müssen die beim Schmelzen eintretenden Veränderungen berücksichtigt werden. Sie werden das erstemal durch eine Probeschmelzung festgestellt.

Beim Tiegelstahlschmelzen wird der Einsatz eingeschmolzen und die Schmelze wird dann überhitzt. Beim Einschmelzen verbrennt durch die Einwirkung des Rostes und Zunders des Einsatzes ein Teil des C, des Mn und des Siliziums. Die Verbrennungsprodukte und der Rost und Zunder bilden mit einem Teil der Tiegelmasse eine Silikatschlacke. Bei der folgenden Überhitzung nimmt die Schmelze infolge des Graphitgehaltes des Tiegels Kohlenstoff auf. Je nach dem Graphitgehalt des Tiegels ist am Ende der Schmelze ein geringer Ab- oder Zubrand an Kohlenstoff festzustellen. Gleichzeitig wird aus der Tiegelwand mehr Silizium reduziert als beim Einschmelzen abgebrannt ist, so daß beim Silizium mit einem geringen Zubrand zu rechnen ist. Im Mangangehalt tritt weiter keine erhebliche Abnahme ein. Der Stahl ist nach dem Einschmelzen unruhig, da das beim Einschmelzen in Lösung gegangene FeO des Zunders oder Rostes mit dem Kohlenstoff reagiert. Es wird ebenso wie das FeO der Tiegelschlacke auch durch das Silizium und das Mangan der Schmelze reduziert. Sobald seine Reduktion beendet ist, ist der Stahl ruhig. Die dabei entstehende Mangansilikatschlackentrübe scheidet sich im Verlaufe der Überhitzung der Schmelze weitgehend aus. Ist der Stahl ruhig und genügend heiß, so ist die Schmelze beendet. Der Verlauf derselben wird durch die Rutenprobe verfolgt. Sie besteht darin, daß der Schmelzer in einen der Tiegel eine dünne Stahlrute einführt und dieselbe rasch zurückzieht. Haftet an ihr Stahl und Schlacke, so ist der Stahl noch zu kalt, ist die Schlacke blasig und dunkel, so ist seine Desoxydation noch nicht beendet. Die Schmelze ist gar, wenn an der Rute nur dichte lichtbraungrüne Schlacke haftet. Der Stahl wird dann vergossen, und zwar bei kleinen Gußstücken unmittelbar aus den Tiegeln, bei größeren werden sie in eine Gußpfanne entleert. Bei einwandfreier Beschaffenheit werden die Tiegel sofort mit dem Einsatz gefüllt und wieder in den Tiegelofen eingesetzt.

Wird legierter Stahlguß hergestellt, so werden die notwendigen Legierungszusätze mit dem Einsatz in den Tiegel eingetragen. Sie brennen beim Einschmelzen auch teilweise ab, so daß ihr Gehalt im Einsatz um diesen Abbrand höher gehalten werden muß, er wird ebenfalls durch eine Probeschmelzung ermittelt.

Der Brennstoffaufwand ist sehr hoch, er beträgt, bezogen auf den flüssigen Stahl bei koksgefeuerten Tiegelöfen 150 bis 250% Koks, bei gasgefeuerten Öfen 100 bis 150% Steinkohle. An flüssigem Stahl werden vom Einsatz 98% ausgebracht.

16. Siemens-Martin-Verfahren. Das saure und das basische Verfahren sind Herdfrischverfahren, da das Frischen oder oxydierende Schmelzen in einem brennstoffgefeuerten Herd- oder Flammofen durchgeführt wird. Bei dem sauren Verfahren wird mit Hilfe einer Silikat-, also sauren Schlacke, gefrischt, bei dem basischen Verfahren wird dazu eine basische, und zwar eine eisenoxydhältige Kalkschlacke verwendet. Bei dem sauren Verfahren kann daher kein Phosphor und nahezu kein Schwefel ausgeschieden werden. Das basische Verfahren ermöglicht eine weitgehende Entphosphorung und eine geringe Entschwefelung. In der sauren Schlacke sind die Eisenoxyde stärker gebunden, sie sind daher weniger aktiv als in der basischen Schlacke, die sie teilweise frei enthält. Der saure Ofen frischt daher langsamer, so daß seine Frischzeit und damit seine Gesamtschmelzdauer etwas länger ist, als die des basischen Ofens. Das langsamer vor sich gehende Frischen hat den Vorteil, daß ein Überfrischen leichter vermieden wird, das mit einer Verschlechterung der Stahlgüte verbunden ist. Dieser Umstand sowie seine billigeren Zustellungs- und Erhaltungs-

kosten und sein geringerer Roheisenverbrauch haben zur Folge, daß der saure
Ofen trotz seiner geringeren spezifischen Schmelzleistung und der engeren Schrott-
auswahl in den Stahlgießereien nahezu im gleichen Umfange wie der basische
verwendet wird.

a) **Der Siemens-Martin-Ofen** ist ein mit Siemensscher Regenerativ- oder
seit neuester Zeit auch ein mit Rekuperativfeuerung ausgestatteter Herd- oder
Flammofen. In den selbständigen Stahlgießereien wird er mit aus Stein- oder
Braunkohlen hergestelltem Gaserzeugergas betrieben. Falls Ferngas (Koksofengas)
zur Verfügung steht, wird dieses vorteilhaft verwendet. Ist die Stahlgießerei an
ein Hochofenwerk mit Kokerei angeschlossen, so wird der Ofen zweckmäßig mit
Mischgas aus Koksofen- und Gichtgas betrieben. Stehen Teer- oder Rohöle preis-
wert zur Verfügung, so wird er auch mit diesen geheizt.

Abb. 9 gibt die Ausführung des Regenerativ-SM.-Ofens bildhaft wieder. Bei
Koksofengas-, Teer- oder Rohölfeuerung entfallen die Gaskammern.

Bis auf die Abzugskanäle
und die unteren Teile der
Kammern, die aus Schamottesteinen gebaut werden, bestehen die übrigen Teile des Ofens
aus Silika- (SiO_2-) Steinen.
Bei dem sauren Ofen werden
die obersten Lagen des Herdes
aus Quarzsand hergestellt, der
entweder vor dem Anheizen
eingestampft oder beim Anheizen eingesintert wird. Im
basischen Ofen werden der
Herdboden und die Rückwand
ganz, die Pfeiler mindestens
bis über den Schlackenstand
mit Magnesitsteinen ausge-
kleidet. Die obersten Lagen
des Herdes und die Rück-
wand können auch aus Ma-
gnesit- oder Dolomit-Teer-
Stampfmasse aufgestampft

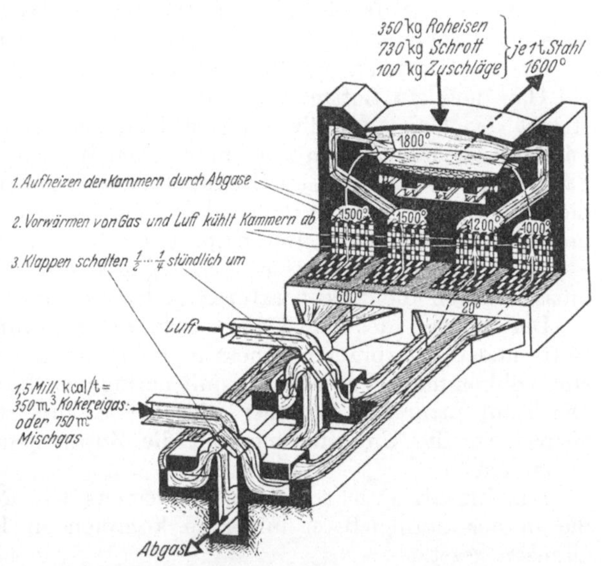

Abb. 9. Siemens-Martin-Ofen mit Regenerator.

werden. Mitunter werden auch die Brenner basisch zugestellt. Seit Einführung
temperaturwechselbeständiger hochfeuerfester Magnesitsteine werden diese auch
zur Herstellung des Gewölbes des basischen Ofens herangezogen. Ist während
des Arbeitens ein Schlackenwechsel notwendig, so ist es vorteilhaft, den Herd
kippbar auszuführen.

Für die Brenner bestehen eine Reihe von Bauarten. In der Abbildung ist die
ursprüngliche Ausführung wiedergegeben. Die einzelnen Bauarten verfolgen den
Zweck, die Erneuerung der Brenner zu erleichtern und ihren einwandfreien Zu-
stand möglichst lange zu erhalten, der die gute Flammenführung und den richtigen
Verlauf der Verbrennung und damit hohe Flammentemperaturen gewährleistet.
Sie sind zur Erreichung des letzten Zweckes masseloser gehalten oder vollkommen
oder teilweise auswechselbar. Die Haltbarkeit der Brenner wird mitunter
durch Wasserkühlung erhöht, sie wird auch bei den Türen angewandt. Die
Brenner müssen während des Betriebes von Zeit zu Zeit geputzt und wie der
Herdboden, die Rückwand und die Pfeiler ausgebessert werden.

Den Kammern oder Regeneratoren (speichernde Vorwärmer) sind in der Regel Schlackenkammern vorgeschaltet. Sie haben den Zweck, aus den Abgasen die mitgerissene Schlacke auszuscheiden, damit durch sie nicht das Gittermauerwerk der Kammern zerstört oder verlegt wird. Die abgeschiedene Schlacke wird von Zeit zu Zeit entfernt. Die Regeneratoren sind mit Normal- oder Formsteinen ausgeschlichtet, die schlackenfest sein müssen. Die speichern beim Durchgang der heißen Verbrennungsgase einen Teil ihrer freien Wärme auf und geben sie nach dem Umschalten an das Heizgas und die Verbrennungsluft wieder ab. Diese können dadurch bis auf 1200° vorgewärmt werden, so daß bei ihrer Verbrennung die für das Schmelzen des Stahles notwendige Temperatur erzeugt wird.

Die Umsteuerungsorgane dienen zum Umschalten der Flammenrichtung. Gewöhnlich werden dazu das Forter- oder das Glockenventil verwendet.

Die Verbrennungsluft wird zweckmäßig durch Ventilatoren gefördert, es genügt auch der Auftrieb in den Luftkammern dazu, doch ist im ersteren Fall eine leichtere Regelung möglich. Das Gas steht unter Überdruck.

Ist der Herdofen ein Rekuperativofen, so sind an Stelle der vier Kammern ein Gas- und ein Luftrekuperator (dauernder Vorwärmer) vorhanden. In ihnen strömt das Gas oder die Luft in Kanälen den heißen Abgasen entgegen und entzieht denselben einen Teil ihrer freien Wärme. Sie sind aus feuerbeständigem Stahl angefertigt. Bei dem Rekuperativofen ist ein Umsteuern nicht notwendig, die Flammenrichtung ist dauernd die gleiche. Es werden dadurch die Gasverluste und die Unannehmlichkeiten erspart, die bei dem Regenerativofen durch Bildung explosiver Gas-Luft-Gemische beim Umsteuern auftreten können. Gas und Luft müssen durch die Rekuperatoren gedrückt werden.

Der Betrieb des SM.-Ofens wird wärmetechnisch überwacht. Es wird der Luft- und Gasverbrauch gemessen, beide werden aufeinander so eingestellt, daß eine vollkommene Verbrennung mit geringstem Luftüberschuß gewährleistet wird. Die Temperatur der Kammer oder der Rekuperatoren und der Essengase wird ebenso wie die Umsteuerung und die Zusammensetzung der Verbrennungsgase überwacht.

Das Einsatzgewicht beträgt mindestens 1 t. Nach oben sind ihm, soweit es die in der Stahlgießerei in Frage kommenden Einsatzgewichte betrifft, keine Grenzen gesetzt.

b) Einsatz für die SM.-Öfen. In der selbständigen Stahlgießerei können beide Verfahren nur als Schrott-Roheisen-Verfahren durchgeführt werden.

Der Siemens-Martin-Ofen hat in diesem Falle die Aufgabe, den Einsatz einzuschmelzen, die Schmelze zu überhitzen und den Überschuß einzelner Elemente zu entfernen. Die Überhitzung der Schmelze wird durch ein den Wärmeübergang begünstigendes Kochen des Bades beschleunigt, das durch die Verbrennung seines Kohlenstoffes erzielt wird. Der Einsatz muß daher im Kohlenstoff so hoch gehalten werden, daß die Schmelze nach Erzielung der gewünschten Überhitzung noch den vorgeschriebenen Kohlenstoffgehalt aufweist. Im basischen Ofen muß infolge seiner rascheren Frischarbeit mit einem etwas höheren Roheisensatz gearbeitet werden als im sauren. Der Roheisensatz liegt bei dem sauren Ofen in den Grenzen von $10\cdots20\%$, bei dem basischen von $20\cdots30\%$. Er hängt ab von der Höhe des Kohlenstoffes des zu erzeugenden Stahles und der Beschaffenheit des Schrottes. Dünnwandiger, sperriger sowie stark verrosteter Schrott erhöhen seinen Hundertsatz. Im sauren Ofen wird zweckmäßig ein Si-reiches und ein Mn-armes Roheisen, im basischen ein Mn-reiches, Si-armes verwendet. Ein Teil des Roheisens kann in beiden Öfen durch Gußbruch ersetzt werden. Der übrige Einsatz besteht in erster Linie aus dem eigenen Gießereischrott, dann aus fremdem, altem und neuem Stahlschrott aller Art. Die Anforderungen in bezug auf P und S sind schon in dem Abschnitt Rohstoffe besprochen worden. Bei der Erzeugung von niedrig legiertem Stahlguß wird der gleiche Einsatz wie bei dem unlegierten verwendet, es wird nur der Anteil an leichtem Schrott geringer sein, außerdem muß auf größere Rostfreiheit geachtet werden. Es wird in diesem Falle auch legierter Stahlschrott derselben Legierungsgruppe eingesetzt.

Als Schlackenbildner wird in den sauren Ofen etwas Quarzsand, in den basischen reiner Kalkstein mit dem metallischen Einsatz eingetragen.

c) Verlauf der sauren Schmelze. Abb. 10 gibt die im Verlaufe einer sauren unlegierten Stahlschmelze im Metallbade und in der zugehörigen Schlacke vor sich gehenden Veränderungen wieder. Während des Einschmelzens wird durch die oxydierende Wirkung des Rostes und des Zunders des Einsatzes des CO_2, des H_2O-Dampfes und des überschüssigen O_2 der Verbrennungsgase das leicht verbrennliche Si nahezu vollständig zu SiO_2, das leichtverbrennliche Mn zum größten Teil zu MnO verbrannt. Der bei niedrigen Temperaturen schwer verbrennliche C wird durch sie nur zum geringen Teile zu CO verbrannt. Sie oxydieren weiter einen Teil des Eisens zu FeO. Die Verbrennungsprodukte MnO, FeO und SiO_2 bilden mit dem SiO_2 der Zustellung und dem als Schlackenbildner zugesetzten Quarzsand eine Mn-Fe-Silikatschlacke, die das Metallbad abdeckt. Ein Teil des FeO ist in der Schmelze in Lösung gegangen. Es tritt

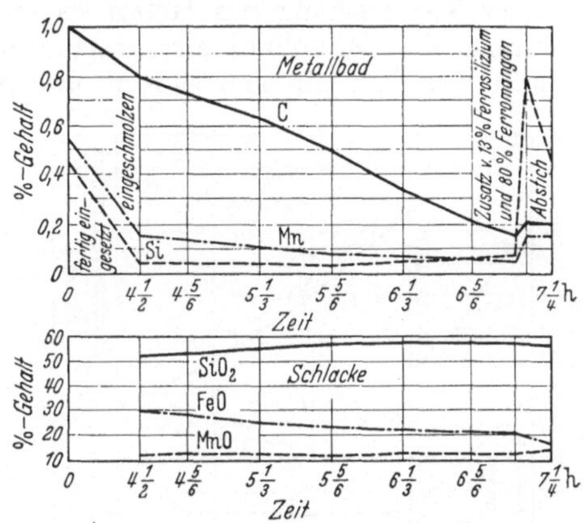

Abb. 10. Verlauf einer sauren SM.-Schmelze.

ebenso wie das FeO der Schlacke mit dem C und dem im Bade noch vorhandenen Mn in Reaktion. Das gelöste FeO bewirkt, daß die weitere Ausscheidung dieser beiden Elemente nicht nur an der Berührungsfläche zwischen Metallbad und Schlacke, sondern auch in allen seinen Teilen vor sich geht. Das durch die Einwirkung des C auf das FeO entstehende CO bringt das Bad zum Aufwallen. Dadurch werden Teile des Metallbades und der Schlacke hochgerissen und nicht nur untereinander, sondern auch mit den oxydierenden Verbrennungsgasen in innige Berührung gebracht. An der Oberfläche der Schlacke wird dauernd ein Teil des FeO der Schlacke durch die Verbrennungsgase in höhere Oxyde verwandelt, die ihren Sauerstoff an das Metallbad, besonders an dessen hochgerissene Teile abgeben. Das Bad nimmt dadurch neuerdings FeO auf, das wieder durch den C und falls auch noch Mn vorhanden ist, auch durch dieses reduziert wird. Dieses Kräftespiel zwischen der reduzierenden Wirkung des C des Bades und der oxydierenden Wirkung der Verbrennungsgase und der Schlacke wiederholt sich immer wieder, es bewirkt die notwendige Entkohlung und die beschleunigtere Überhitzung der Schmelze. Sein Verlauf hängt ab von dem FeO- und SiO_2-Gehalt der Schlacke, dem C-Gehalt der Schmelze und ihrer Temperatur. Es muß so geführt werden, daß der Endgehalt der Schmelze an gelöstem FeO möglichst niedrig ist, da dieses die Güte des Stahles verschlechtert. Dieses Ziel wird erreicht, wenn die Endschlacke nicht mehr Eisen als 20% in FeO ausgedrückt enthält und ihr SiO_2-Gehalt mindestens 55% beträgt. Genügt der anfängliche Gehalt der Schlacke an wirksamem FeO nicht, um die Entkohlung zu Ende zu führen, was an der

Stärke des Kochens des Bades erkannt wird, so müssen der Schlacke P-arme Eisenerze, Walzensinter oder Hammerschlag zugegeben werden. Ein Kalksteinzusatz erhöht, da er das FeO frei macht, auch den Gehalt der Schlacke an wirksamem FeO, er läßt den Fe-Gehalt der Schlacke unverändert. Er kommt zur Anwendung, wenn das Kochen nur wenig beschleunigt zu werden braucht.

Hat die Schlacke eine solche Zusammensetzung erreicht, daß sie nicht mehr als 25% FeO und mindestens 55% SiO_2 enthält, so wird aus der Zustellung und der Schlacke und dem Gußboden Si reduziert. Dieser Vorgang wird durch eine hohe Temperatur der Schmelze begünstigt. Das im Entstehungszustande in das Bad eintretende Si wirkt desoxydierend und erhöht die Güte des Stahles.

Der P-Gehalt des Einsatzes bleibt unverändert, beim S ist dies bei einwandfreier Verbrennung des Heizgases auch der Fall. Ist jedoch seine Verbrennung derart, daß unvollkommen verbranntes, organische Schwefelverbindungen enthaltendes Gas mit dem Einsatz und der Schmelze in Berührung kommt, so steigt der Schwefel an. Einwandfreie Bauart der Brenner, ihre gute Beschaffenheit sowie hochwertiges und genügendes Gas und weitgehende Vorwärmung (guter Zustand der genügend großen Kammern) von Gas und Luft sind neben der richtigen Schlackenführung die Voraussetzungen für eine hohe Güte des erschmolzenen Stahles.

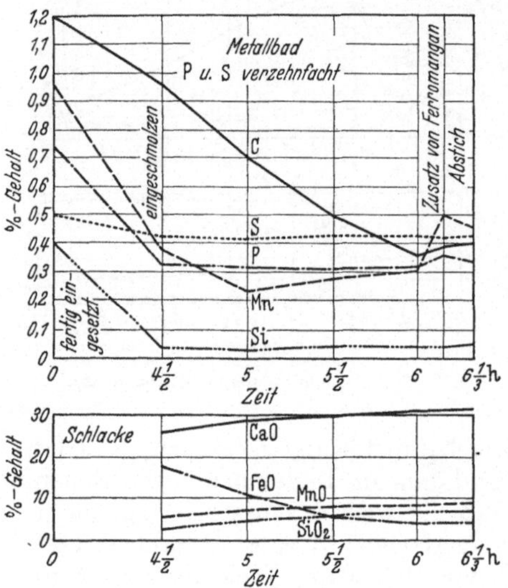

Abb. 11. Verlauf einer basischen SM.-Schmelze.

Der Kohlenstoffgehalt der Schmelze und ihre Temperatur sowie die Beschaffenheit der Schlacke wird durch laufend entnommene Stahl- und Schlackenproben überprüft. Die Temperatur wird aus dem Verhalten und Aussehen der Stahlproben beurteilt. Der Kohlenstoffgehalt wird aus dem Bruchaussehen erkannt, und zwar bei höheren Gehalten, der ungehärteten Guß- oder ausgeschmiedeten Proben, bei den niedrigeren Gehalten, der gehärteten Guß- oder ausgeschmiedeten Proben. Bei den Endproben wird er auch durch Schnellanalyse ermittelt. Ist der gewünschte Kohlenstoffgehalt erreicht, so soll auch die Schmelze genügend heiß sein. Ist beides der Fall, so wird der Stahl durch Mn- und Si-Zusatz vollkommen desoxydiert und entgast. Das Mangan wird als 80proz. Ferromangan in den Ofen gegeben. War die Schmelze etwas zu weich geworden, so wird es in Form von Spiegeleisen zugegeben, das den Kohlenstoffgehalt der Schmelze stärker als das Ferromangan erhöht, da mehr verwendet werden muß. Das Si wird als 50proz. Ferrosilizium, und zwar teilweise in die Abstrichrinne eingetragen. Ist die Härte des Stahles weitaus zu niedrig ausgefallen, so wird der Stahl in der Pfanne mit Holzkohle oder anderen S-reinen Kohlungsmitteln aufgekohlt.

d) Verlauf einer basischen Schmelze. Abb. 11 gibt den Verlauf einer basischen unlegierten Schmelze wieder. Ihr Verlauf ist grundsätzlich derselbe wie der der basischen. Durch die oxydierende Wirkung des Rostes und des Zunders sowie der Verbrennungsgase wird während des Einschmelzens das Si vollständig, das Mn und der P zum größten Teile ausgeschieden. Gleichzeitig verbrennt ein Teil des C und des Fe. Die entstandenen Oxyde: FeO, MnO, SiO_2, P_2O_5 bilden mit dem CaO des eingesetzten Kalksteins und dem Rest des Zunders und Rostes eine Schlacke. Ein Teil des FeO löst sich auch hier im Bade auf. Im weiteren Verlaufe der Schmelze geht das Kräftespiel zwischen reduzierender Wirkung des Kohlenstoffes des Bades und oxydierender Wirkung der Schlacke und der Verbrennungsgase wie im sauren Martinofen vor sich, das auch hier zur notwendigen Entkohlung und Überhitzung der Schmelze führt. Auch im basischen Ofen muß die Schmelze so geführt werden, daß keine wesentliche Erhöhung des FeO-Gehaltes des Bades eintritt. Dies wird erreicht, wenn der Fe-Gehalt der Schlacke, in FeO ausgedrückt, 15% nicht übersteigt. Genügt der Gehalt der Anfangsschlacke an Eisenoxyden nicht, um die Entkohlung zu Ende zu führen, was an der Stärke des Kochens nach dem Einschmelzen erkannt wird, so muß reines Eisenerz, Walzensinter oder Hammerschlag nachgesetzt werden. Ist der MnO-Gehalt der Schlacke mindestens gleich ihrem FeO-Gehalte, so wird aus der Schlacke Mangan reduziert, es desoxydiert den Stahl schon im Verlaufe der Schmelze teilweise und verbessert seine Güte. Genügt der Mn-Gehalt des Einsatzes nicht, um in der Schlacke den genügenden MnO-Gehalt einzustellen, so setzt man Manganerz nach.

Die Phosphorabscheidung gelingt nur dann befriedigend, wenn die Schlacke genügend basisch ist, ihr SiO_2-Gehalt darf 25% nicht übersteigen. Bei höherem SiO_2 wird das beim Einschmelzen entstandene P_2O_5 im Verlaufe der Schmelze wieder teilweise reduziert. Damit zur Erzielung dieser Basizität nicht zu viel Kalkstein eingesetzt werden muß, darf das Roheisen und auch der Schrott nicht Si-reich sein. Der Siliziumgehalt des gesamten Einsatzes soll 0,6% nicht übersteigen. Hat der erste Kalksteinsatz nicht genügt, so wird gebrannter Kalk nachgesetzt. Eine hochbasische Schlacke ermöglicht bei einwandfreier Verbrennung des Heizgases eine geringe Entschwefelung. Ein Zusatz von Flußspat erhöht sie. Die Schlacke muß gut flüssig sein, bei hochbasischen Schlacken muß zu diesem Zwecke Flußspat eingesetzt werden.

Der Verlauf der Schmelze, ihre Temperatur, die von dem Zustand des Ofens, der Güte des Gases und seiner Verbrennung abhängt, und die Beschaffenheit der Schlacke wird durch laufend genommene Stahl- und Schlackenproben überwacht. Die Feststellung der C-Härte erfolgt wie beim sauren Ofen. Die Schlacke muß gut flüssig sein, nach dem Erkalten muß sie einen dichten Bruch aufweisen, die Oberfläche ihrer Probe muß eingefallen und matt glänzend sein. Ist der gewünschte Kohlenstoffgehalt erreicht, so wird das zur Desoxydation noch notwendige Mangan als Ferromangan oder bei etwas zu weitgehender Entkohlung als Spiegeleisen zugesetzt. Nach seiner kurzen Einwirkung wird abgestochen. Das zur Entgasung notwendige Si wird als 50proz. Ferrosilizium in die Abstichrinne oder in die Pfanne eingesetzt. Es kann nicht in den Ofen gegeben werden, da es in der basischen Schlacke stark verbrennt und den Phosphor reduziert. Ist der Stahl weich eingelaufen, so wird er in der Pfanne aufgekohlt.

e) **Herstellung von niedrig legiertem Stahlguß.** Der Verlauf der niedrig legierten Stahlschmelzen ist der gleiche wie der der unlegierten. Sind in dem Einsatz gleichartig legierte Stahlabfälle eingesetzt worden, so ist bei Ni mit keinem Abbrand zu rechnen. Cr, Wo, Mo brennen nahezu vollständig aus. Die notwendigen Legierungszusätze werden, wenn es ihr Verhalten zuläßt, nach der Desoxydation des Stahles in dem Ofen eingesetzt. Mn wird als 80proz. Ferromangan, Cr als hochgekohltes Ferrochrom, Mo als Ferromolybdän in den Ofen, Si wird als 90proz. Ferrosilizium in die Abstichrinne eingetragen. Bei diesen Zusätzen tritt ein bestimmter Abbrand ein, um welchen der Zusatz größer gehalten werden muß.

In beiden Öfen kann auch 12proz. Manganstahl hergestellt werden. In diesem Fall muß das notwendige Ferromangan in einem Tiegelofen geschmolzen und dem SM.-Stahl beim Abstich in der Rinne zugesetzt werden.

f) Betriebsangaben. Die Dauer der Schmelze und die Leistungsfähigkeit der Öfen ist je nach der Ofengröße, dem Einsatz und der Güte des Gases und seiner Verbrennung verschieden. Sie schwankt bei den in der Stahlgießerei hauptsächlichst verwendeten Ofengrößen (2 bis 25 t) innerhalb der Grenzen von 1,3 bis 5,0 t Stahl je Arbeitsstunde. Der Wärmeaufwand liegt in den Grenzen von 3,5 bis 1,5 · 10⁶ kcal. Die Haltbarkeit der einzelnen Ofenteile beträgt bei Dauerbetrieb: Herd 300 bis 600, Gewölbe 400 bis 600, Brenner 200 bis 300, Unterbau 1000 bis 2000 Schmelzen. Das Ausbringen an flüssigem Stahl beträgt 91 bis 96%, es hängt ab von der Beschaffenheit des Schrottes, dem Roheiseneinsatz und der Beschaffenheit der Verbrennungsgase.

Bei Dauerbetrieb kann an den SM.-Ofen ein Abhitzekessel zur Dampferzeugung angeschlossen werden, der je Tonne Stahl 0,5 kg Dampf liefert. Er erhöht den wärmewirtschaftlichen Wirkungsgrad von 25 auf 40%.

17. Kleinkonverter- (Kleinbessemer-) Verfahren. Das Kleinkonverterverfahren unterscheidet sich von dem gewöhnlichen Verfahren durch die Größe des Konverters und die seitliche Luftzuführung desselben. Es ist wie das gewöhnliche Bessemerverfahren ein saures Windfrischverfahren, auch bei ihm muß die Wärmemenge, die zur Temperatursteigerung und damit zur Flüssigerhaltung des Bades notwendig ist, durch die Verbrennung der Bestandteile des zu verblasenden Roheisens geliefert werden. Der Hauptwärmeträger ist das Silizium, dessen Gehalt im Einsatz mindestens 1,5% betragen soll. Der erblasene Stahl ist sehr heiß, so daß er für schwer vergießbaren Stahlguß besonders geeignet ist.

a) Einsatz. Das in dem Kleinkonverter zu verblasende Roheisen wird aus Hämatit-Roheisen, kupolfertigem eigenem Stahlguß- und fremdem Stahlschrott erschmolzen. Der Si-Gehalt des Einsatzes wird mit Ferrosiliziumbriketts im Kupolofen geregelt. Der Einsatz soll nicht zu manganreich sein, da das bei seiner Verbrennung entstehende MnO die Zustellung des Konverters angreift. Der flüssige Einsatz im Konverter soll die folgende Zusammensetzung aufweisen: C = 3 ··· 3,5%, Mn = 0,6 ··· 1,0%, Si = 1,5 ··· 2,0%, P und S < 0,06%.

Im Kupolofensatz müssen die im Kupolofen eintretenden Veränderungen berücksichtigt werden, sie bestehen in einem C- und S-Zubrand und einem Mn- und Si-Abbrand. Der Schwefel kann aus dem Kupoleisen mit Hilfe der WALTERschen Entschwefelungsbriketts (im wesentlichen Soda) zum größten Teil entfernt werden.

b) Kupolofen. Zum Einschmelzen der Rohstoffe wird der Kupolofen verwendet, er unterscheidet sich nicht von dem Graugußkupolofen. Er muß eine solche Leistung besitzen, daß er während einer Konverterschmelze die Rohstoffe der nächsten niederschmilzt. Bezüglich seines Aufbaues wird auf Heft Nr. 19 verwiesen.

c) Kleinkonverter. Abb. 12 gibt den Kleinkonverter bildhaft wieder. Das aus Stahlblech hergestellte birnenförmige Gefäß ist um zwei Zapfen drehbar. Durch einen derselben wird der Wind dem am Konverter seitlich angeordneten Windkasten zugeführt. Aus dem Windkasten tritt er durch die im Mauerwerk eingesetzten Düsen in das Innere des Konverters

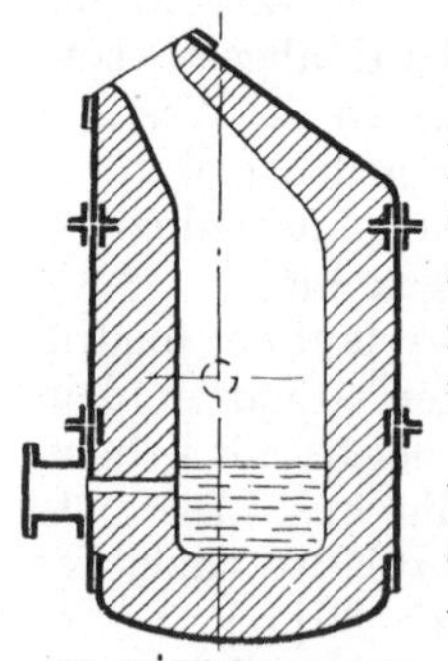

Abb. 12. Kleinkonverter. (Nach ROBERT-LEYOZ.)

ein. Je nach der Neigung desselben wird er auf oder durch das Bad geblasen. Die feuerfeste Auskleidung des Konverters ist entweder aus Silikakeilsteinen oder aus Quarzsandstampfmasse hergestellt, sie hat eine Stärke von 300···400 mm. Zweckmäßig ist es, den Boden herausnehmbar zu gestalten.

d) Schmelzverlauf. Der neu zugestellte Konverter wird durch ein Holzfeuer getrocknet und dann durch ein Koksfeuer auf Weißglut erhitzt. Nach Entfernung der Koksreste wird er in die waagerechte Lage gebracht und entweder unmittelbar oder unter Einschaltung einer Pfanne mit dem Roheisen angefüllt, das im Kupolofen mit schwefelarmem Koks möglichst heiß erschmolzen wurde. Unter gleichzeitigem Einsatz des Blasens wird der Konverter dann so weit aufgerichtet, daß der Wind auf das Bad bläst. Sein Sauerstoff verbrennt die Eisenbegleiter einerseits unmittel- andererseits mittelbar dadurch, daß er einen Teil des Eisens zu FeO verbrennt, das teilweise in Lösung geht und als Sauerstoffüberträger wirkt. In den ersten 4···6 Minuten verbrennt nur ein Teil des Si und des Mn, in dieser Zeit entweicht nur eine kurze dunkle Flamme. Sobald die Schmelze durch die Verbrennung des Si genügend heiß geworden ist, setzt die lebhafte Verbrennung des C ein. Die Flamme wird dadurch immer stärker weißglühend und länger. Mit dem Beginne der C-Verbrennung wird der Konverter weiter aufgerichtet, so daß der Wind nun 3···5 cm unter der Badoberfläche eintritt. Infolge der lebhaften Bewegung der Schmelze geht der Frischvorgang so rasch vor sich, daß es nicht möglich ist ihn bei einem bestimmten C-Gehalt zu unterbrechen. Die Schmelze wird daher in allen Fällen vollständig entkohlt. Mit der beendeten Entkohlung bricht die zum Schluß immer kürzer werdende Flamme unter einem brausenden Geräusch zusammen. Damit ist der Frischprozeß zu Ende. Er wird auch spektralanalytisch verfolgt. Bei genügend heißen Schmelzen entweicht ständig ein rotbrauner Rauch. Matte Schmelzen können durch einen Zusatz von 15% Ferrosilizium heiß gemacht werden. Der Konverter wird sodann unter Einstellen des Blasens in die waagrechte Lage gebracht. Es folgt nun die Desoxydation und Entgasung der Schmelze mit Ferromangan und Ferrosilizium. Sollen härtere Stahlgußsorten hergestellt werden, so wird sie gleichzeitig mit Koks oder mit Kupoleisen aufgekohlt. Vor dem Abguß wird sie gut durchgerührt.

Mit dem Kleinkonverter kann auch sehr niedrig legierter Stahlguß ohne Vorschmelzen der Legierungszusätze erzeugt werden. Die Zusätze werden nach der Desoxydation in den Konverter eingetragen. Soll 12proz. Manganstahl erzeugt werden, so muß das Ferromangan im Tiegel eingeschmolzen und in der Gußpfanne zugegeben werden.

Das Fassungsvermögen des Kleinkonverters beträgt in den meisten Fällen 2 t, es schwankt zwischen 0,5 bis 5 t. Der Wind, von dem je t Stahl 800 m³ gebraucht werden, wird mit Kapsel- oder Turbogebläsen eingeblasen, er muß einen Überdruck von 0,3 bis 0,4 at haben. Die Konverterauskleidung hält 20 bis 100 Schmelzen.

18. Elektroofenverfahren. a) Vorteile des Elektroofens. Das Elektrostahlverfahren ist ein Herdfrischverfahren, es wird in dem basisch oder saucr zugestellten Elektroofen als Schrottverfahren durchgeführt. Im sauren Ofen kann nicht entphosphort und entschwefelt werden, im basischen Ofen können beide Elemente weitgehend entfernt werden. Der saure Ofen hat eine kürzere Schmelzzeit, er verbraucht also weniger Strom als der basische, er ist auch billiger in der Zustellung und ihrer Erhaltung. Sein Nachteil liegt in der geringen Freiheit in der Auswahl des Einsatzes.

Die Elektrowärme ist eine reine Wärmequelle. Der Wechsel der oxydierend wirkenden Ofenatmosphäre ist sehr gering, besonders bei dichtem Abschluß des Ofens. Die genaue Regelung der Ofentemperatur, die höher als in den anderen Stahlschmelzöfen eingestellt werden kann, sowie die leichte, genaue Einhaltung der übrigen Arbeitsbedingungen ermöglichen eine weitgehende Desoxydation der Schmelze und damit eine hohe Güte und hohe Temperatur des Stahles. Der Elektroofen hat einen hohen wärmewirtschaftlichen Wirkungsgrad. Er arbeitet ohne oder nahezu ohne Roheisen, sein metallisches Ausbringen ist infolge des geringen Abbrandes und Ausschusses hoch, seine Einsatzkosten sind daher niedriger als bei den anderen Schmelzöfen. Er hat bei entsprechendem Anschlußwert (je t Einsatz mehr als 200 kVA) eine weitaus höhere Schmelzleistung als der SM.- und Tiegelofen gleichen Einsatzgewichtes. Sein Lohnaufwand ist niedriger als der dieser beiden Öfen. Im Vergleich zu dem SM.-Ofen ist er in der Zustellung und Erhaltung billiger, er benötigt auch weniger Raum als dieser und paßt sich den wechselnden Beschäftigungsgraden besser an. Der Elektroofen ist ein Großstromverbraucher mit hohem $\cos \varphi$, durch seine Anwendung werden die Strombezugverhältnisse für das gesamte Werk verbessert, so daß durch seinen Einfluß für den Strom, der an den anderen Stellen des Werkes benötigt wird, niedrigere Strompreise zu erzielen sind. Er ermöglicht die Erzeugung aller Arten des schwer und leicht vergießbaren Stahlgusses sowie von Grau-, Hart- und Temperguß, einzelne auch von Metallguß, er hat somit ein weiteres Arbeitsfeld als alle anderen Schmelzöfen. Diese Vorteile haben zur Folge, daß er trotz des hohen Preises der Elektrowärme auch auf dem Gebiete des gewöhnlich zu vergießenden Stahlgusses immer stärker herangezogen wird. Wie Tabelle 9 zeigt, arbeitet er auf

Tabelle 9. Selbstkosten für flüssiges Material für die Tonne Stahlguß. 5-Tonnen-Ofen. (Preis- und Lohnstand 1926.)

Gegenstand	Preis RM/t	Martinofen		Elektroofen	
		kg	RM	kg	RM
Stahlroheisen	97	460	44,62	—	—
Schrott	70	1000	70,00	1320	92,40
Späne	50	500	25,00	450	22,50
Ferromangan 80 % . .	250	20	5,00	15	3,75
Ferrosilizium 50 % . .	250	10	2,50	15	3,75
Aluminium	1600	0,2	3,20	0,2	3,20
Einsatz in Summe .	—	1990,2	150,32	1800,2	125,60
Kalk	15	200	3,00	100	1,50
Koks	24	10	0,25	10	0,50
Erz	20	10	0,20	10	0,20
Dolomit od. Magnesium	60	50	3,00	50	3,00
Zuschläge in Summe .	—	—	6,45	—	5,20
Löhne und Gehälter .	—	—	10,80	—	8,30
Brennstoff	17	400	6,80	—	—
Strom kW	40	—	—	1100 kW	44,00
Elektroden	75	—	—	25	1,88
Erhaltungskosten . .	—	—	7,20	—	6,50
Sonstiges	—	—	9,00	—	8,50
Fabr.-Aufwand . . .	—	—	33,80	—	69,18
Gesamtkosten	—	—	190,57	—	199,98

Stahlgußausbringen im SM.-Ofen = 55 % = 1,8 t flüssiger Stahl = 2 t Einsatz.
Stahlgußausbringen im Elektroofen = 60 % = 1,66 t flüssiger Stahl = 1,8 t Einsatz.

diesem Arbeitsgebiete nicht viel teurer als der SM.-Ofen. Er ergibt noch Ersparnisse in den Formkosten durch geringeren Gußausschuß, die in dieser Gegenüberstellung der Kosten nicht berücksichtigt sind. Unbestritten ist seine Verwendung zur Herstellung von schwer vergießbarem und hochlegiertem Stahlguß.

b) Elektroöfen für Stahlguß. In der Stahlgießerei wird nur mit festem Einsatz gearbeitet. Es kommen daher für die Stahlgußerzeugung nur in Betracht der mittelbare oder reine Lichtbogen-, der unmittelbare Lichtbogen- oder Lichtbogen-Widerstandsofen, der Hochfrequenz- oder kernlose Induktionsofen, der ein unmittelbarer und der Graphitstabofen, der ein mittelbarer Widerstandsofen ist. Von den Bauarten des unmittelbaren Lichtbogenofens werden nur die ohne Bodenelektroden verwendet. Tabelle 10 gibt das Schema sowie die Vor-

Tabelle 10. Elektroöfen für Stahlguß.

Ofenart			Schema	Vorteile		Nachteile	
Lichtbogenofen	mittelbar	reiner Lichtbogenofen	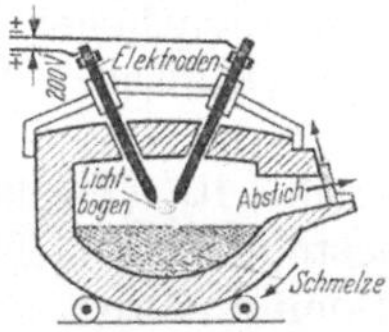 200V, Elektroden, Lichtbogen, Abstich, Schmelze	keine Stromstöße		geringe Deckelhaltbarkeit, Elektrodenbrücke, begrenztes Einsatzgewicht < 3 t	Elektrodenverbrauch
	unmittelbar	Lichtbogenwiderstandsofen	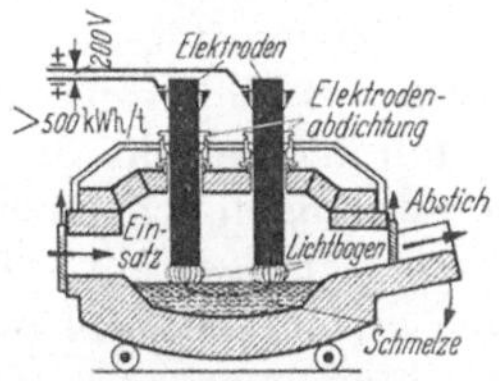 200V, > 500 kWh/t, Elektroden, Elektrodenabdichtung, Abstich, Einsatz, Lichtbogen, Schmelze	unbegrenztes Einsatzgewicht	billige elektrische Anlage, heiße, daher reaktionsfähige Schlacke	Stromstöße am Anfang des Einschmelzens	
Widerstandsofen	unmittelbar	Graphitstabofen	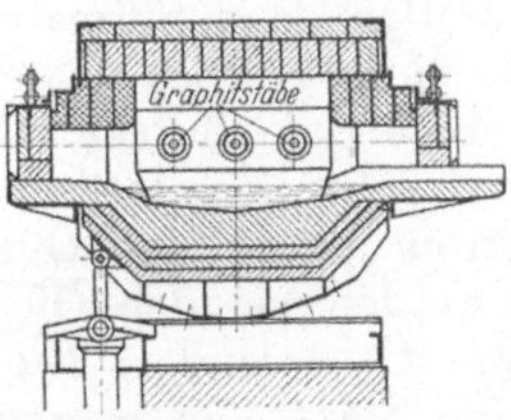 Graphitstäbe	Graphitstabverbrauch ist kleiner als der Elektrodenverbrauch		Graphitstabverbrauch Einsatzgewicht < 2 t	
	mittelbar	Hochfrequenz-Induktionsofen	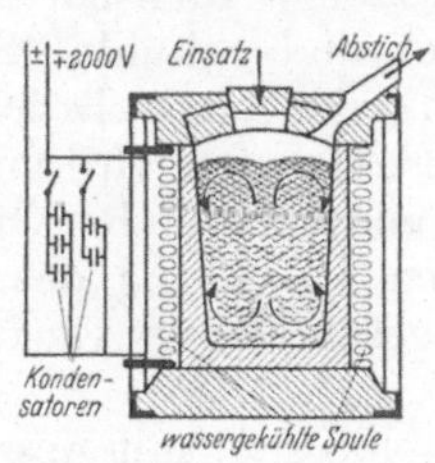 2000V, Einsatz, Abstich, Kondensatoren, wassergekühlte Spule	keine Stromstöße, genaue gleichmäßige Temperatur, Analysengenauigkeit, verwendbar für Metallguß	indifferente Atmosphäre; keine Elektroden, billige und rasche Zustellung, gute Durchmischung des Bades, rasches Schmelzen	durch die elektrische Anlage etwa dreimal so teuer als der Lichtbogenofen gleicher Größe, Einsatzgewicht < 8 t	

und Nachteile der einzelnen Ofenarten wieder. Das beschränkte Einsatzgewicht des mittelbaren Lichtbogen-, des kernlosen Induktions- und des Graphitstabofens bedingt, daß diese Öfen bei der Auswahl ab bestimmten notwendigen Schmelzgewichten ausscheiden. Unterhalb dieser Grenze geben ihre Schmelzkosten und ihre Arbeitsweise den Ausschlag für ihre Verwendung. Der mittelbare Lichtbogenofen arbeitet infolge seiner höheren Erhaltungs- und Elektrodenkosten teurer als der mittelbare, so daß nur mehr die Wahl zwischen dem unmittelbaren Lichtbogen-, dem kernlosen Induktions- und dem Graphitstabofen übrigbleibt. Der Induktionsofen benötigt eine kostspielige elektrische Anlage, er ergibt daher höhere Abschreibungskosten als die beiden anderen Öfen. Sie werden ab einem bestimmten Beschäftigungsgrad durch seinen geringeren Strom- und Lohnaufwand, seine niedrigeren Zustellungskosten und den Entfall des Elektroden- oder Graphitstabverbrauches ausgeglichen. Der Graphitstabofen, der erst in der letzten Zeit auch in der Stahlgießerei verwendet wird, ist dem Lichtbogenofen durch den geringeren Elektrodenverbrauch, den höheren wärmewirtschaftlichen Wirkungsgrad, die große Gleichmäßigkeit der Schmelztemperatur und die indifferente Ofenatmosphäre überlegen. Dem kernlosen Induktionsofen gegenüber hat er wesentlich niedrigere Abschreibungskosten. Er dürfte sich auf dem Gebiete des Kleingusses, insbesonders des hochlegierten, zum Hauptschmelzofen entwickeln. Ab 4 t Einsatzgewicht beherrscht der unmittelbare Lichtbogenofen das Feld. Er ist daher in den deutschen und auch in den ausländischen Stahlgießereien hauptsächlich anzutreffen.

c) **Unmittelbarer Lichtbogenofen.** In Tabelle 10 ist seine Ausführung bildhaft wiedergegeben. Das aus Stahlblech hergestellte Ofengefäß ist elektromotorisch kippbar. Das Mauerwerk des Ofens ist in den äußeren, nur der Wärmeisolierung dienenden Teilen aus Schamottesteinen hergestellt. Die innere Auskleidung besteht bei der basischen Zustellung aus Magnesitsteinen. Die oberen Lagen des Bodens und die Seitenwände werden auch aus Magnesit- oder Dolomit-Teerstampfmasse angefertigt. Bei der sauren Zustellung besteht die innere Auskleidung des Ofens aus SiO_2. Sie wird entweder aus angefeuchtetem Quarzsand aufgestampft oder aus hochfeuerfesten Silikatsteinen hergestellt. Im letzteren Falle werden die obersten Lagen des Bodens auch aus Quarzsand aufgestampft. Bei beiden Zustellungen ist der Ofendeckel aus hochfeuerfesten Silikatsteinen hergestellt. Bei sehr hohen Beanspruchungen werden dazu Silimanitsteine verwendet. Wird der Einsatz auf einmal mit Hilfe eines Korbes in den Ofen eingesetzt, so ist das Gewölbe abheb- und mit der Elektrodenbrücke ausfahrbar.

Der Strom wird mit Hilfe der aus Kohle oder Graphit hergestellten Elektroden zugeführt. Die Graphitelektroden leiten den Strom besser, ihr Querschnitt ist daher bei gleichem Anschlußwert kleiner. Sie werden bei den Öfen über 10 t und bei den kleineren Öfen mit hohem Anschlußwert verwendet. Die Elektroden besitzen an beiden Enden ein Gewinde, so daß die Elektrodenreste an die neuen Elektroden angestückt werden können. Die Elektroden werden zur Herabsetzung ihres Abbrandes an der Eintrittsstelle abgedichtet und gekühlt. Sie sind entweder aufgehängt, oder sie werden von Ständern oder einer Brücke getragen. Bei Korbbeschickung ist die letztere fahrbar. Der Elektroofen wird mit Drehstrom betrieben, so daß mindestens drei Elektroden notwendig sind. Bei Öfen über 60 t Einsatz müssen zur Erzielung einer gleichmäßigen Beheizung des Ofenraumes 4 in SCOTT-Schaltung an das Drehstromnetz angeschlossene Elektroden oder auch 6 verwendet werden.

An den Ofen ist ein Stufentransformator angeschlossen, mit dessen Hilfe die Ofenspannung geregelt wird. Während des Einschmelzens wird mit höchstens 200 V, während des Feinens mit mindestens 100 V gearbeitet. Beim sauren Ofen muß wegen der schlechten Leitfähigkeit der Schlacke mit höherer Spannung als im basischen gearbeitet werden. Am Beginne des Einschmelzens treten, besonders bei saurem Ofenbetriebe, starke Stromstöße auf, der Öltransformator muß daher überlastbar sein. Um die Stromstöße abzudrosseln, ist mitunter an den Transformator eine Drosselspule angebaut. Sie verschlechtert den $\cos \varphi$ der Ofenanlage etwas, der ohne Drossel über 0,85 liegt. Die Bemessung des Transformators richtet sich nach der gewünschten Einschmelzdauer. Kann dieselbe 3 bis 4 Stunden betragen, so genügt bei den Öfen von 1 bis 12 t eine Transformatorenleistung von 200 bis 120 kVA/t. Soll in 2 bis 3 Stunden eingeschmolzen werden, so müssen je t 400 bis 250 kVA zur Verfügung stehen. Ein höherer Anschlußwert ist nicht zweckmäßig, da die hohe Leistung nur während des Einschmelzens ausgenützt werden kann. Die Zentrale muß aber für die ganze Zeit die Volleistung bereit halten. Falls dafür eine Bereitstellungsgebühr zu zahlen ist, so kann diese die Stromersparnisse zunichte machen, die bei hohem Anschlußwert beim Einschmelzen erzielt werden.

Einsatz. Im sauren und basischen Ofen wird nahezu ausschließlich mit Schrott gearbeitet. In wenigen Fällen wird höchstens bis zu 5% Roheisen zugesetzt. Neben dem eigenen Stahlgußschrott wird alter und neuer, und zwar hauptsächlich schwerer Schrott und schaufelbare Stahlspäne eingesetzt. Der P-Gehalt des Einsatzes für den basischen Ofen soll auch nicht über 0,1% P haben, da sonst mit zwei Frischschlacken gearbeitet werden muß. Im basischen Ofen wird bis zu 4% gebrannter Kalk, im sauren etwas Quarzsand als Schlackenbildner zugegeben. Der Einsatz soll im Ofen möglichst dicht gelagert werden. Bei Korbbeschickung ist diese Bedingung leicht zu erfüllen, sie hat auch noch den Vorteil, daß die Einsatzzeit auf wenige Minuten eingeschränkt wird, wodurch die Leerlaufzeit des Ofens wesentlich verkürzt wird.

Verlauf der Schmelze im basischen Ofen. Durch den Zunder und den Rost des Einsatzes wird während des Einschmelzens das Silizium nahezu vollkommen, der Phosphor zum größten Teile und der Kohlenstoff teilweise verbrannt. Der Rest des Zunders und Rostes bildet mit den Verbrennungsprodukten und dem eingesetzten Kalk eine hochbasische Schlacke. Genügt ihr Gehalt an Eisenoxyden zur Vollendung der Entkohlung und Entphosphorung nicht, so muß Eisenerz oder Sinter oder Hammerschlag nachgesetzt werden. Das Bad wird vollkommen entkohlt, dabei ist das Mangan bis auf 0,1 und der Phosphor bis unter 0,03% entfernt worden. Zur Verfolgung des Frischvorganges und zur Untersuchung der einwandfreien Beschaffenheit der Schlacke werden laufend Stahl- und Schlackenproben entnommen, die in der gleichen Art wie beim basischen SM.-Ofen untersucht werden. Ist der Frischvorgang zu Ende, so wird der Strom ausgeschaltet, und es wird die Frischschlacke so vollkommen wie möglich abgezogen. Ein Überfrischen muß verhindert werden, da es die Feinungsarbeit erschwert.

Nach dem Abschlacken wird zur teilweisen Desoxydation soviel Ferromangan und Ferrosilizium zugegeben, daß im Bade je 0,1% vorhanden ist. Es wird dadurch die Herstellung der Karbidschlacke erleichtert. Gleichzeitig wird, falls eine Aufkohlung notwendig ist, auf das blanke Bad Holzkohlen- oder Elektrodenpulver aufgegeben. Sobald das Kohlungsmittel gelöst ist, wird der Strom wieder eingeschaltet. Es wird nun aus gebranntem trockenem Kalk (12 Teilen), Kokspulver (1 Teil) und Quarzsand oder Flußspat (2 Teile) die weiße Desoxydations- und Entschwefelungsschlacke erzeugt, die karbidhältig ist und daher auch Karbidschlacke genannt wird. In der hohen Temperatur des Lichtbogens wirkt der Kokskohlenstoff auf das FeO der Schlacke, das aus den Resten der Oxydschlacke herrührt, reduzierend ein. Ist der FeO-Gehalt der Schlacke unter 1% FeO gesunken, so wird durch den Kokskohlenstoff unter der Wirkung des Lichtbogens das Kalziumoxyd der Schlacke teilweise zu metallischem Kalzium reduziert. Es setzt sich einerseits mit dem im Bade gelösten FeO und FeS um, andererseits bildet es mit dem C Kalziumkarbid, das ebenfalls mit diesen beiden Bestandteilen des Bades in Reaktion tritt. Die folgenden Gleichungen geben die Reaktionen wieder, die den Stahl feinen, das heißt entschwefeln, desoxydieren und entgasen.

1.	$C + FeO = Fe + CO$	4.	$Ca + FeO = CaO + Fe$
2.	$CaO + C = Ca + CO$	5.	$CaO + 3\,C = CaC_2 + CO$
3.	$Ca + FeS = CaS + Fe$	6.	$CaC_2 + 2\,FeO + FeS = CaS + 2\,Fe + 2\,CO$

Sobald die Schlacke eisenoxydulfrei ist, ist sie weiß bis gelblich weiß; enthält sie auch schon beträchtliche Mengen von Karbid, so zerfällt sie beim Erkalten an der Luft. Durch die Karbidschlacke wird das Bad auch etwas aufgekohlt (0,02 % je Stunde).

Nach einer ein- bis eineinhalbstündigen Einwirkung der Karbidschlacke, während welcher Zeit auch die Temperatur entsprechend gesteigert wurde, ist die weitmöglichste Entschwefelung und Desoxydation erzielt. Zur Ergänzung der letzteren wird noch etwas Ferromangan und zur Beruhigung der Schmelze etwas Ferrosilizium zugegeben. Diese Zusätze sind geringer als im SM.-Ofen. Nach ihrer kurzen Einwirkung wird das Bad gut durchgerührt und abgegossen.

Werden legierte Stähle hergestellt, so werden die Legierungszusätze nach dem Feinen hinzugefügt. Eine Ausnahme macht das Ni, das mit dem Einsatz in den Ofen gelangt, da es nicht oxydiert. Ihr Abbrand ist im Elektroofen wesentlich niedriger als im SM.-Ofen. Ist es möglich, den Einsatz für den legierten Stahl aus legiertem Stahlschrott der gleichen Art und reinem unlegierten Stahlschrott zusammenzustellen, so entfällt das Frischen. In diesem Falle wird die Einschmelzschlacke durch Zugabe von Kokspulver und Flußspat in die Karbidschlacke übergeführt. Es werden dabei die beim Einschmelzen verbrannten Teile des Chrom, Wolfram, Vanadium und Molybdän des legierten Stahlschrottes wieder reduziert, so daß keine oder nur geringe Verluste an diesen Elementen auftreten.

Verlauf der Schmelze im sauren Ofen. Beim sauren Ofenbetrieb wird der Einsatz so zusammengestellt, daß eine Frischarbeit möglichst vermieden wird. Genügt sein Kohlenstoffgehalt nicht, so wird dem Einsatz die notwendige Menge an Kohlungsmitteln zugegeben. Während des Einschmelzens verbrennt durch die Einwirkung des Rostes und Zunders des Einsatzes das Silizium und Mangan nahezu vollkommen, der Kohlenstoff teilweise. Ist der Einsatz zu kohlenstoffreich, so muß nach dem Einschmelzen so lange gefrischt werden, bis er die gewünschte Höhe erreicht. Genügt dazu der Eisenoxydgehalt der Schlacke nicht, so muß Erz oder Sinter zugegeben werden. Hat die Schmelze den gewünschten Kohlenstoff oder ist derselbe nach der Frischarbeit erreicht, so wird die Schmelze überhitzt und gefeint, das heißt desoxydiert und entgast. Die Feinung erfolgt durch Reduktion des Siliziums aus der Schlacke, die durch aufgegebenes Kokspulver im Bereiche der Lichtbögen besonders vor sich geht. Damit sie in genügendem Ausmaße möglich ist, muß die Schlacke mindestens 55 % Silizium enthalten. Ist die Einschmelzschlacke zu eisenoxydreich, so wird sie abgezogen, und es wird eine Feinungsschlacke aus Quarzsand und Kalk erschmolzen. Die Siliziumreduktion wird so lange durchgeführt, bis der Stahl sich ruhig vergießen läßt. Ist dies erreicht, und ist der Stahl genügend heiß, so wird nach kurzer Einwirkung des noch zugesetzten Ferromangans abgestochen. Muß die Schmelze nach der Feinung noch überhitzt werden, so wird die weitere Siliziumreduktion durch Kalkzusatz unterbunden.

Ist legierter Stahl herzustellen, so werden die Legierungselemente mit Ausnahme des Nickels nach der Feinung zugesetzt.

Betriebsangaben. Tabelle 11 gibt die Zahl der täglichen Schmelzen und den Stromverbrauch des basisch und sauer zugestellten Lichtbogenwiderstandsofens für unlegierten Stahlguß bei verschiedener Ofengröße mit verschiedenem Anschlußwert wieder. Sie zeigt seine Abhängigkeit von der Art der Zustellung und dem Anschlußwert. Der Deckel des sauren Ofens hält bis zu 700, der des basischen bis zu 120 Schmelzen. Der Boden ist bei beiden Arten der Zustellung bei entsprechender Pflege nahezu unbegrenzt haltbar. Die Wände müssen im sauren und basischen Ofen nach etwa 300 Schmelzen erneuert werden. Das basische Mauerwerk ist im Gewichte schwerer und je kg teurer. Bei guter Abdichtung werden je t Stahl 2,5 kg Graphit oder 10 kg Kohleelektroden verbraucht. Die

Tabelle 11. Stromverbrauch des Lichtbogenwiderstandsofens.

Ofengröße t-Einsatz	Transformatorleistung kW		tägliche Schmelzen	kWh je t Stahl	
	insgesamt	je t		basisch	sauer
1	300	300	8	1000	900
	600	600	16	650	—
3	550	180	4	850	750
	1200	400	9	650	560
5	800	160	3,5	750	650
	1800	360	7,5	600	—
10	1200	120	3	650	570
	3000	300	6	550	—
15	1800	120	3	600	—
	4000	270	5,5	500	—

Graphitelektroden sind ungefähr viermal so teuer, so daß die Elektrodenkosten bei Verwendung jeder Art ungefähr gleich sind.

d) Hochfrequenz- oder kernloser Induktionsofen (s. Tab. 10). Dieser Ofen hat bei gleichem Anschlußwert eine höhere Stundenleistung als der Lichtbogenofen, so daß bei seiner Verwendung die gleiche Gesamtschmelzleistung mit einem kleineren Ofen erzielt wird. Er eignet sich wegen seiner großen Analysengenauigkeit und der genauen Regelung der Gießtemperatur besonders für hochlegierten Kleinformguß, wie Magnete, säure- und feuerfeste Gußstücke. Er ist in der Regel sauer zugestellt und wird in diesem Falle als Umschmelzofen betrieben.

Der tiegelförmige Herd wird im Ofen mit Hilfe einer Schablone aus Klebsand gestampft und mit einer trockenen Pufferschicht hinterfüllt. Er wird bei dem Anheizen der ersten Schmelze gebrannt. Der phosphor- und schwefelarme, möglichst rostfreie Einsatz soll zerkleinert und gebündelt sein, damit er im Ofen dicht liegt. Je besser der Füllungsgrad ist, um so günstiger ist der Wirkungsgrad des Ofens und damit der Stromverbrauch. Hat der Schrott einen zu niedrigen Kohlenstoffgehalt, so wird eine entsprechende Menge eines aufkohlenden Mittels (Elektrodenpulver oder andere) zugegeben. Als Schlackenbildner wird Glas zugesetzt. Nach dem Einschmelzen wird der Stahl überhitzt, desoxydiert und legiert. Die Desoxydation erfolgt durch Reduktion von Silizium aus der Zustellung. Die Reduktion setzt ein, sobald die Kieselsäure der Zustellung das beim Einschmelzen von dem Metallbad gelöste Eisenoxydul aufgenommen hat. Beim Einschmelzen tritt durch die Einwirkung des Zunders und Rostes des Einsatzes ein geringer Mangan- und Siliziumabbrand ein. Die Schmelze ist ständig in lebhafter Bewegung, so daß alle Vorgänge sehr rasch verlaufen und eine gleichmäßige Temperatur an allen Stellen der Schmelze erzielt wird. Das Arbeiten mit dem kernlosen Induktionsofen ist sehr einfach, die Güte des Stahles ist sehr hoch.

3*

Der Herd des Ofens hält bis zu 70 Schmelzen, er ist in der kürzesten Zeit erneuert. Der Stromverbrauch ist verhältnismäßig niedrig. Er beträgt beispielsweise bei einem 0,75 t Ofen bei der Herstellung von säurefestem Stahlguß bei gutem Schrott und einem Anschlußwert von 400 kVA/t bei kaltem Ofen 800, bei warmem 700 kWh/t. Die Periodenzahl ist in der Regel 500. In den Stromkreis sind Kondensatoren eingeschaltet, sie ermöglichen, daß der $\cos \varphi$ der Anlage nahezu gleich 1 wird, ohne die Kondensatoren beträgt er nur 0,15. Die Primärspule ist aus einem Kupferrohr mit rechteckigem Querschnitt hergestellt, sie wird mit Wasser gekühlt.

e) **Der Graphitstabofen** (s. Tab. 10) ist ab 0,6 t ein kippbarer Herdofen, der mit Hilfe von drei waagerecht durch den Ofen geführten Graphitstäben erwärmt wird, die durch den hindurchgeleiteten Strom eine Temperatur von 2000° annehmen. Unter 0,6 t ist er ein Einphasentrommelofen mit einem einzigen Graphitstab in der Achse der Trommel. Bei dem Herdofen ist das Gewölbe durch leichte Isolationssteine abgedeckt. Er ist entweder sauer oder basisch zugestellt. Bei der sauren Zustellung wird er als Umschmelzofen wie der Hochfrequenzinduktionsofen betrieben, bei der basischen wird in der gleichen Art wie bei dem basischen Lichtbogenofen gearbeitet. Durch den allmählichen Abbrand der Graphitstäbe ist in dem Ofen eine indifferente Atmosphäre vorhanden. Sie erleichtert die Desoxydation und vermindert den Abbrand des Einsatzes. Die Zusammensetzung des Einsatzes erleidet nahezu keine Veränderung.

Der Stromverbrauch je t Stahl beträgt bei einem 1-t-Ofen mit 300 bis 450 kVA/t Anschlußwert bei Dauerbetrieb 800, bei unterbrochenem Ofenbetrieb 900 kWh/t. Der Graphitstabverbrauch beträgt bei Dauerbetrieb 3 kg/t, bei unterbrochenem Betrieb 4 kg/t.

IX. Vergießen des Stahles.

Das Vergießen des flüssigen Stahles wird nach dem Gewicht der Gußstücke entweder mit Handpfannen oder mit der Kranpfanne durchgeführt. Leichte Stücke im Gewichte bis zu 30 kg werden in der Regel mit Handpfannen, schwerere Stücke mit der Kranpfanne vergossen.

19. Handpfannen. Die Handpfannen, die den Stahlschmelztiegeln nachgebildet sind, sind schmal und hoch, damit ihre Wärmeausstrahlung möglichst gering ist. Sie sind aus Schwarzblech hergestellt und mit hochfeuerfester Masse aus Schamotte (gebranntem Ton) und Ton ausgeschmiert. Sie fassen 50···150 kg. Sie werden vor dem

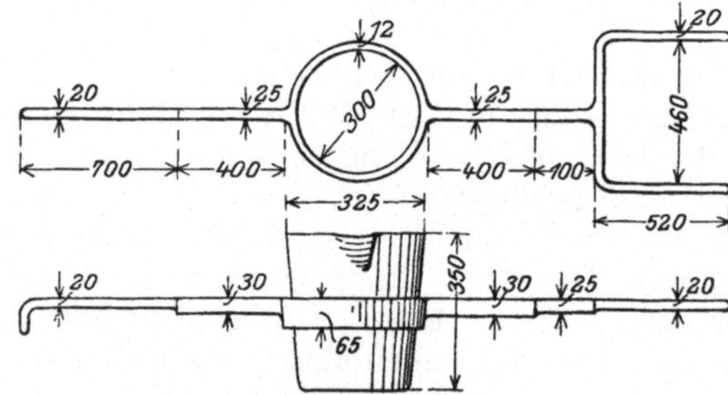

Abb. 13. Handpfanne und Traggabel.

Gebrauch auf dem Pfannenfeuer auf Rotglut vorgewärmt. Abb. 13 stellt eine solche Pfanne samt den dazugehörigen Traggabeln dar. Die Pfanne wird entweder unmittelbar aus dem Ofen durch Abfangen des ausfließenden Stahles oder mit Hilfe der Kranpfanne gefüllt. Bei leichten Schmelzen wird der erste Weg, bei schwereren der zweite beschritten. Schmelzen bis zu 5 t Gewicht können ohne Schwierigkeit mit Handpfannen unmittelbar aus dem Ofen vergossen werden. Bei Verwendung der Handpfannen kann die Gießtemperatur und die Gießgeschwindigkeit sehr leicht geregelt werden. Beim Tiegelstahlschmelzen wird der Kleinguß unmittelbar aus dem Tiegel vergossen.

20. Kranpfannen. Die Kranpfannen sind entweder als Stopfen- oder als Kipppfannen ausgebildet. Sie sind in beiden Fällen aus starkem Stahlblech hergestellt. Die mit einer Schnauze (*a*) ausgestattete Pfanne besitzt einen Tragring, an dessen Zapfen die Tragbügel angreifen. Der Stahlblechmantel ist mit Schamottesteinen ausgemauert. Bei den Stopfenpfannen wird die Pfanne durch einen Ausguß (*b*) im Boden entleert, der mit einem Stopfen (*c*) verschlossen ist. Der Stopfen wird durch einen besonderen Mechanismus gelüftet, der an der Außenseite der Pfanne angebracht ist (Abb. 14).

Der Stopfen muß gut eingepaßt sein, soll das Vergießen klaglos vor sich gehen. Die Zahl der Gußstücke, die mit der Stopfenpfanne vergossen werden sollen, darf nicht zu groß sein, da bei allzu häufigem Öffnen und Schließen des Stopfens der Abschluß undicht wird. Erfahrungsgemäß lassen sich mit einem gut eingepaßten Stopfen aus gutem feuerfestem Werkstoff bis zu 80 Gußstücke abgießen. Damit der Ausguß nicht verlegt wird, werden zu seiner Anwärmung zuerst ein oder zwei größere Stücke abgegossen.

Bei Abguß einer großen Anzahl kleiner Stücke mit der Kranpfanne empfiehlt es sich, die Pfanne als Kipppfanne auszubilden. Bei ihr entfallen Stopfen und Ausguß; sie wird durch Kippen entleert. Damit schlackenfrei abgegossen werden kann, wird in die Pfanne ein Syphon eingebaut (Abb. 15). Derartige Pfannen werden Teekesselpfannen genannt.

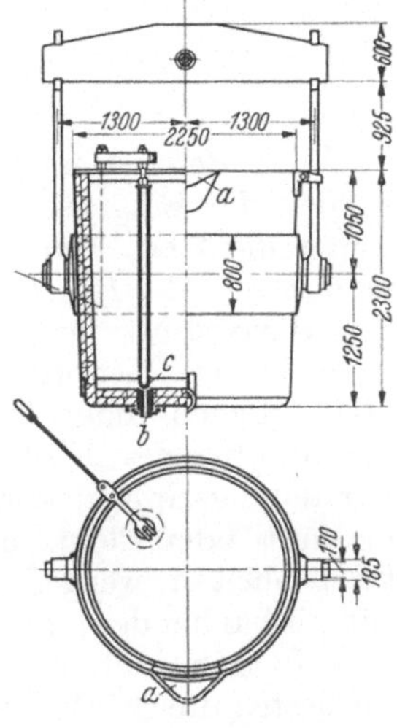

Abb. 14. Stopfenpfanne.

Beim Vergießen des Stahls ist auf die Einhaltung der richtigen Gießtemperatur zu achten. Sie bzw. die Temperatur der Schmelze im Ofen kann entweder mit Hilfe von technologischen Proben oder mit Pyrometern festgestellt werden. Die technologischen Proben sind die Löffel-, die Auslauf- und die Tauchprobe. Bei der Löffelprobe wird dem fertig gemachten Stahlbad mit einem vorgewärmten und in Schlacke gehüllten Probelöffel eine Probe entnommen. Sie wird rasch abgeschlackt, und hierauf wird mit einer Stechuhr die Zahl der Sekunden festgestellt, die bis zur Bildung einer Haut auf der Oberfläche

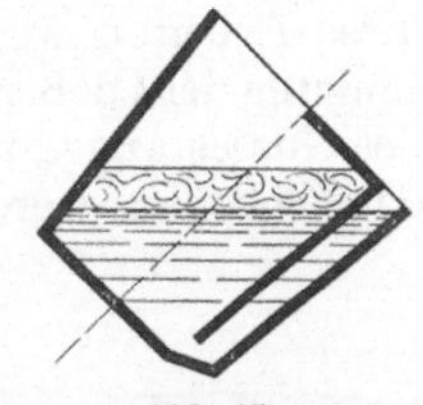

Abb. 15.
Teekesselpfanne.

des Stahls verstreichen. Bei der Auslaufprobe läßt man die mit dem Probelöffel entnommene Stahlprobe nach dem Abschlacken in einem kalten, 1 m langen Winkeleisen, 40 × 40 mm, das geneigt gelagert ist, auslaufen. Aus der Länge des Weges, den der Stahl bis zur Erstarrung zurücklegt, wird auf die Höhe seiner Temperatur geschlossen. Bei der Tauchprobe wird eine Stahlrute, deren Abmasse und Zusammensetzung immer gleich sein müssen, in das Stahlbad bis auf den Boden eingetaucht. Mit der Stechuhr wird dann die Zeit bestimmt, die zum Abschmelzen der Rute notwendig ist. Diese technologischen Proben müssen natürlich immer unter den gleichen Bedingungen durchgeführt werden, soll ihr Ergebnis verwertbar sein. Genau gemessen wird die Temperatur mit den optischen, den Strahlungspyrometern oder den Farbpyrometern. Auch hierbei müssen bestimmte Bedingungen eingehalten werden, damit die Messung richtig wird. Liegt die Temperatur des Stahles über der Gießtemperatur, so läßt man ihn entweder im Ofen unter Ausschaltung der Heizung oder nach dem Abstechen in der Pfanne abstehen. Die Dauer des Abstehens wird auf Grund der praktischen Erfahrungen vorgeschrieben. Im allgemeinen gilt die Regel, so matt wie möglich zu vergießen. Die Gießtemperatur muß aber selbstverständlich so hoch gehalten werden, daß ein klagloses Auslaufen der Form gewährleistet ist.

X. Putzen des Gusses.

Nach dem Abgießen der Gußstücke und dem Entleeren der Formkästen werden die Eingüsse, Steiger, verlorenen Köpfe, Gußnähte entfernt. Es werden weiter die Kerneisen und Kerne ausgestoßen, und die festgebrannte Formmasse wird beseitigt. Die Eingüsse, Steiger und verlorenen Köpfe werden, solange es der Querschnitt ihrer Verbindungsstelle mit dem Gußstück zuläßt, von Hand abgeschlagen. Ist dies nicht mehr möglich, so werden sie mit Hilfe von Kaltkreis-, Bogen- oder Bandsägen, Drehbänken, Hobel- oder Stoßmaschinen oder durch autogenes Abschneiden vom Gußstück getrennt. Gußnähte, behelfsmäßige Versteifungsrippen, der festgebrannte Sand und die Kerne werden mit Hand-, Preßluft- oder Elektromeißeln und -klopfern entfernt. Kleine Grate und sonstige Unebenheiten werden durch Abschleifen beseitigt. Kleine Gußstücke werden mit feststehenden, große mit Pendel- oder Handschleifmaschinen geschliffen. Vom festgebrannten Sand und festgebrannter Formmasse werden die Gußstücke am besten durch Abblasen mit dem Quarz- oder Stahlsandstrahlgebläse oder dem Druckwasserstrahl gereinigt. Bei der Verwendung des Sandstrahlgebläses wird die Gußhaut entfernt. Je nach der Stückgröße kommen für die Arbeit des Abblasens Freistrahl-, Drehtischgebläse oder Scheuertrommeln mit Sandstrahlgebläse in Betracht. Bei kleinen Gußstücken genügt auch das Scheuern allein. Ein Abbeizen mit verdünnter Schwefelsäure kann auch zum Ziele führen. Kleine Fehler im Guß (Sandeinschlüsse, kleine Risse) werden autogen oder elektrisch verschweißt. All diese Arbeiten werden in der Gußputzerei durchgeführt, die nach der Art der Erzeugung der Gießerei mit den zweckentsprechenden Maschinen für die Fertigstellung des Gusses ausgestattet sein muß. Vor der Weiterbearbeitung und dem Abblasen oder Scheuern werden die Gußstücke bestimmten Warmbehandlungen unterworfen.

XI. Wärmebehandlung.

Der unlegierte Stahlguß wird in der Regel, der legierte wird immer einer Wärmebehandlung unterworfen. Durch sie wird erst der für die Verwendung des Gußstückes günstigste Gefügezustand und seine Spannungsfreiheit erzielt. Nur die keinen besonderen Beanspruchungen ausgesetzten Gußstücke aus unlegiertem Stahl werden naturhart oder nicht wärmebehandelt in Gebrauch genommen. Die Wärmebehandlung besteht in einem Erhitzen des Werkstückes auf eine dem Zwecke der Wärmebehandlung angepaßte Temperatur während einer bestimmten Zeit und dem Abkühlen mit einer der gewollten Zustandsänderung entsprechenden Geschwindigkeit. Der gewünschte Gefügezustand wird entweder durch eine einmalige oder einfache (Weich-, Normalisierend-Glühen, Nitrieren, Härten, Oberflächenhärten) oder durch eine mehrfache oder zusammengesetzte Wärmebehandlung (Nachlaßvergüten, Einsatzhärten) erzielt. Je nach der Stahlart und der Beanspruchung des Gußstückes wird dasselbe auch nacheinander verschiedenartigen Wärmebehandlungen unterworfen.

Genauere Angaben über die Durchführung der einzelnen Wärmebehandlungen sowie über die dabei verwendeten Öfen und Einrichtungen sind den Werkstattbüchern Heft 7 und 8 zu entnehmen.

A. Wärmebehandlung des un- und niedriglegierten Stahlgusses.

Der un- und niedriglegierte Stahlguß hat, je nach seinem C-Gehalt, ein unter-, rein- oder überperlitisches Gefüge. Die Größe seiner Kristallite ist von der Erstarrung — die Form seiner Zweit-Gefügebestandteile ist von der Abkühlungsgeschwindigkeit im Bereiche der Zweitkristallisation — Bereich zwischen der *GSE*- und der *PSK*-Linie (Abb. 17) — abhängig. Beide Geschwindigkeiten werden in erster Linie durch die Wandstärken des Gußstückes bestimmt, da ihr Einfluß auf beide durch die veränderlichen Gußbedingungen, Art des Formstoffes, Temperatur der Form, bei metallischen Formen auch noch Wandstärke oder Kühlung der Form, nicht ausgeglichen werden kann. Das Gußgefüge hängt daher von der Wandstärke ab. Bei ungleichen Wandstärken sind nicht nur ihre Kristallite, sondern auch ihre Zweitbestandteile verschieden ausgebildet. Dadurch sind die Festigkeiten in den einzelnen Wandstärken ungleich. Die Wärmebehandlung des un- und niedriglegierten Stahlgusses hat den Zweck, diese Ungleichmäßigkeiten zu beseitigen.

Zur Vergleichmäßigung des Gefüges wird der Stahlguß entweder „normalisierend geglüht" oder „nachlaßvergütet". Ob geglüht oder vergütet wird, hängt von der Wandstärke und der Gestalt des Gußstückes ab. Härtet der Stahl bei der im Gußstück vorhandenen größten Wandstärke nicht mehr durch, so muß er geglüht werden, da bei ihm durch das Vergüten keine Vergleichmäßigung des Gefüges in den nicht durchhärtbaren Wandstärken erzielt wird. Diese Wärmebehandlung muß auch bei den in allen Teilen durchhärtbaren Gußstücken erfolgen, deren Gestalt eine derartige ist, daß beim Härten Risse oder weitgehende Verwerfungen auftreten. Die Durchhärtung hängt von der Zusammensetzung des Stahles ab. Tabelle 2 zeigt, welche der Legierungszusätze die Durchhärtung steigern. Bei hartem, schwer bearbeitbarem Stahlguß beider Art wird dem normalisierenden Glühen oder Vergüten zum Zwecke der leichteren Bearbeitung ein „Weichglühen" vorgeschaltet, das bei A_{c1} durchgeführt wird und den streifigen Perlitzementit und den netzförmigen Zweitzementit in die körnige Form überführt. Dem Weichglühen folgt das Vorschruppen und hierauf das normalisierende Glühen oder Nachlaßvergüten.

21. Normalisierend Glühen heißt das Gußstück so glühen, daß ein feinkörniges Zweitbestandteile-Gemisch in allen Teilen des Gußstückes erreicht wird. Dieses ist schon im Gußzustande in der kritischen Wandstärke des Stahles vorhanden. In den Teilen, deren Wandstärke darunter liegt, tritt durch das Glühen eine Vergröberung und damit eine geringe Abnahme der Festigkeit ein. In den Teilen mit darüberliegenden Wandstärken wird das Gefüge verfeinert und damit ihre Festigkeit gesteigert. Abb. 16 gibt schematisch die Veränderungen der Festigkeitswerte wieder, die beim normalisierenden Glühen und Nachlaßvergüten in den verschiedenen Wandstärken auftreten, sie stellt auch die kritischen Wandstärken des unlegierten Stahlgusses bis 0,5% C dar.

Bei dem normalisierenden Glühen muß das Gußgefüge umkristallisieren. Dies ist dann der Fall, wenn der Stahl beim Glühen genügend lange so hoch erhitzt wird, daß er in den austenitischen Zustand oder den Zustand der vollkommen festen Lösung übergeführt wird. Als Glühtemperaturen kommen daher für die unterperlitischen Stähle die Temperaturen über der A_{c3}-Linie (*GS*), für die überperlitischen Stähle die Temperaturen über der A_{cm}-Linie (SE) des Fe-Fe$_3$C-Zustand-schaubildes in Frage(Abb. 17). Die Glühtemperatur soll nur etwa 50° über dieser Temperatur liegen, sie soll auch nicht länger aufrechterhalten werden, als es zur Erzielung der vollkommenen festen Lösung notwendig ist. Je höher und je länger man glüht, um so gröber wird das Glühgefüge. Abb. 17 gibt die zulässigen Glühtemperaturen für den unlegierten unter- und überperlitischen Stahlguß wieder. Für die legierten perlitischen Stähle liegen die Glühtemperaturen je nach dem Einfluß des Legierungselementes auf die Lage von S etwas höher oder tiefer. Ihr Einfluß auf S ist der Tabelle 2 zu entnehmen. Das Erhitzen auf die Glühtemperatur muß langsam und durchgreifend erfolgen. Legierte Stähle müssen etwas länger als die C-Stähle geglüht werden, da die Legierungselemente die Umwandlung des perlitischen Gefüges in das austenitische verzögern.

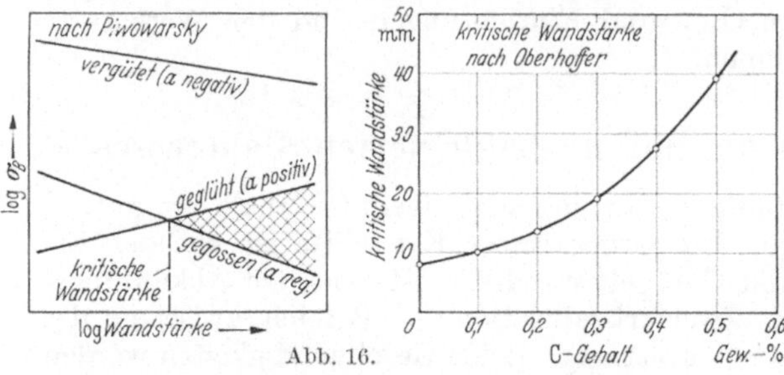

Abb. 16.

Wandstärkenempfindlichkeit und kritische Wandstärke bei Stahlguß.

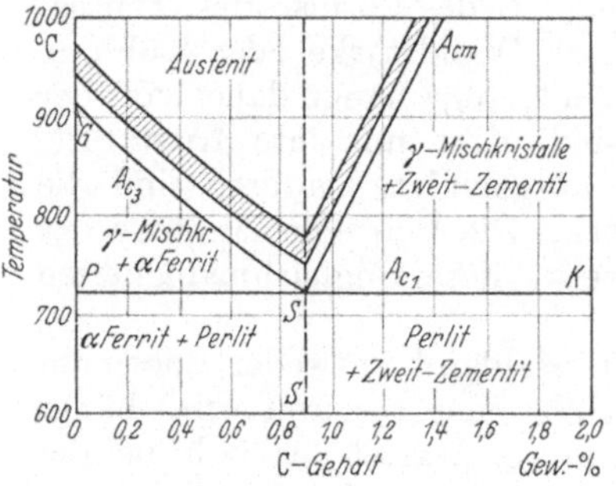

Abb. 17. Glühtemperaturbereich, unlegierter Stahlguß.

Die Ausbildung des Glühgefüges wird auch noch durch die Geschwindigkeit beeinflußt, mit welcher der Stahl den Temperaturbereich der Zweitkristallisation durchläuft. Je rascher dies geschieht, um so feiner fällt es aus. Zur Erzielung des besten Glühgefüges läßt man die Gußstücke bei abgestellter Feuerung und geöffnetem Ofen rasch auf 600° abkühlen. Die weitere Abkühlung wird im geschlossenen Ofen langsam und gleichmäßig durchgeführt, damit die Gußstücke frei von Spannungen sind.

Abb. 18 gibt die Veränderungen des Gußgefüges eines Stahles mit 0,27% C

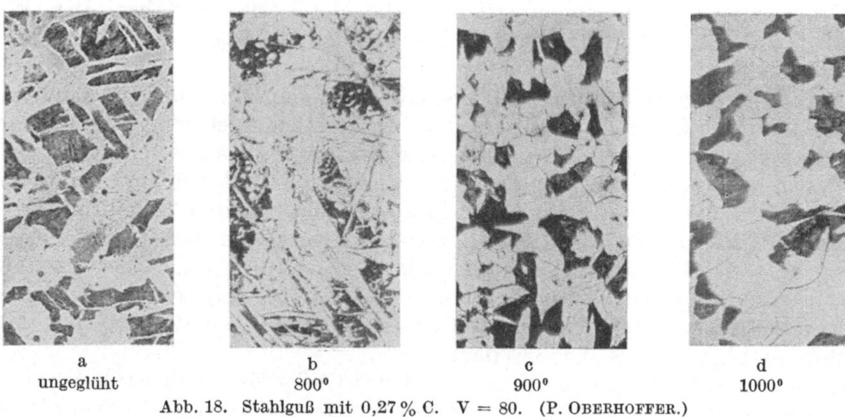

a	b	c	d
ungeglüht	800°	900°	1000°

Abb. 18. Stahlguß mit 0,27% C. V = 80. (P. OBERHOFFER.)

bei verschiedenen Glühtemperaturen wieder. Beim Glühen unter A_{c3} (Abb. 18b) wird das Gußgefüge nur teilweise zerstört, bei zu hoher Glühtemperatur (Abb. 18d) entsteht ein grobes Glühgefüge. Abb. 19 zeigt die Veränderungen, die durch das normalisierende Glühen in den Festigkeitswerten und in der Kerbzähigkeit bei unlegiertem Stahlguß von 0,1 bis 0,84% C bewirkt werden. Die Streckgrenze und Festigkeit werden nur dann erhöht, wenn durch das Glühen eine Verfeinerung gegenüber dem Gußzustande erzielt wird. Die Dehnung, Einschnü-

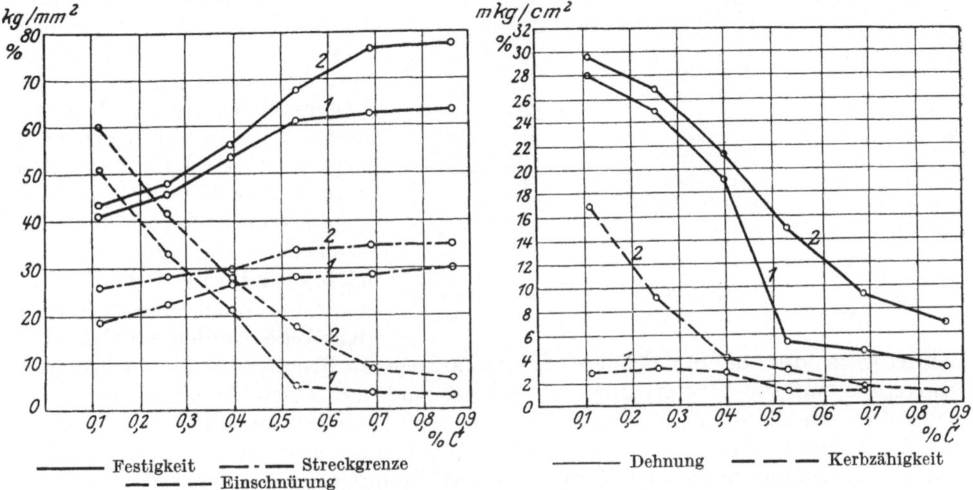

Abb. 19. Gütewerte von Stahlguß, *1* = ungeglüht *2* = geglüht (P. OBERHOFFER).

rung und Kerbzähigkeit steigen für jeden Fall an, ihr Anstieg ist in den Teilen, deren Wandstärke die kritische übersteigt, größer als in den darunterliegenden Wandstärken.

22. Nachlaßvergüten. Beim Nachlaßvergüten (Anlaßvergüten) wird das Gußstück zuerst gehärtet, d. h. es wird in den martensitischen Zustand übergeführt. Zu diesem Zwecke wird es ebenfalls auf die Temperatur langsam und durchgreifend erwärmt, die 50° über dem dritten Haltepunkt des Stahles liegt. Sobald sich in allen Teilen des Gußstückes der austenitische Zustand eingestellt hat, wird es mit einer Geschwindigkeit abgeschreckt, die über der oberen kritischen Abkühlungsgeschwindigkeit des Stahles liegt. Als Abschreckmittel kommt für den unlegierten Stahl Wasser, für den niedrig legierten Wasser oder Öl, für den höher legierten Lufthärter ruhende oder bewegte Luft in Frage.

Nach dem Härten wird das Gußstück angelassen. Es wird je nach dem gewünschten Gefügezustande (Troostit, Sorbit oder Feinperlit) auf eine Temperatur erhitzt, die zwischen 500° und A_{c_1} liegt. Die Temperatur wird so lange gehalten, bis sich der erwünschte Gefügezustand in allen Teilen eingestellt hat. Hierauf wird in ruhender Luft erkalten gelassen. Beim langsameren Abkühlen im Ofen kann sich Nachlaßsprödigkeit

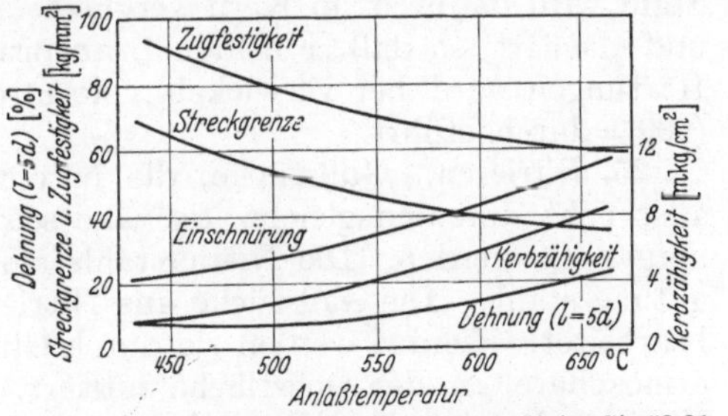

Abb. 20. Festigkeitseigenschaften des vergüteten Stg 52,81 bei 30···40 mm Wandstärke. (PIWOWARSKY.)

einstellen. Durch das Anlassen bei verschiedenen Temperaturen kann, wie Abb. 20 zeigt, die Festigkeit des Gußstückes innerhalb bestimmter Grenzen geregelt werden. Das auf Feinperlit vergütete Gußstück weist, wie Abb. 21 zeigt, eine feinere Ausbildung des Perlites auf als sie bei seinem normalisierenden Glühen erzielt wird. Dementsprechend sind die Gütewerte des perlitisch vergüteten Gußstückes etwas bessere als die des normalgeglühten.

23. Oberflächenhärten. Sind einzelne Teile des Gußstückes stark auf Verschleiß beansprucht, wie beispielsweise die Lagerstellen der Kurbelwelle, und ist der Stahl härtbar, so werden diese Teile nach dem Fertigbearbeiten des normalgeglühten oder vergüteten Gußstückes an der Oberfläche gehärtet, um ihre Verschleißfestigkeit zu erhöhen. Die zu härtenden Teile werden oberflächlich

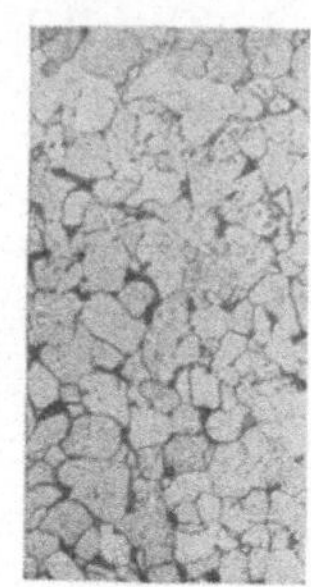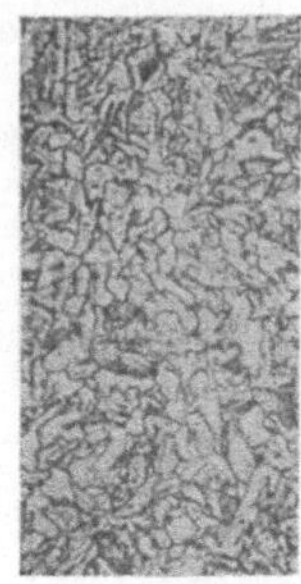

a   b   c
naturhart   geglüht 900°/15′   vergütet 900°/700°
Abb. 21. Elektrostahlguß mit 0,10 % C.

schrittweise oder auf einmal mit Hilfe eines autogenen Brenners in der gewünschten Härtetiefe auf die Härtetemperatur erhitzt und mit einem Wasserstrahl abgeschreckt. An die gehärtete martensitische Außenschicht schließt sich eine Zone an, die troostitisches und hierauf sorbitisches Gefüge aufweist. Im Kern ist das von der Normalglühung oder Vergütung herrührende Gefüge unverändert vorhanden. Die Teile sind daher trotz der Härtung widerstandsfähig gegen stoßweise und wechselnde Beanspruchungen.

24. Einsatzhärten. Gußstücke, die stoßweisen oder wechselnden Beanspruchungen ausgesetzt sind und in einzelnen Teilen auf Verschleiß beansprucht werden, werden auch aus Einsatzstahl hergestellt. Diese Gußstücke werden nach dem Fertigbearbeiten einsatzgehärtet. Sie werden zuerst in einer Kohlenstoff abgebenden Packung eine bestimmte Zeit über A_{c3} geglüht. Die nicht aufzukohlenden Teile des Gußstückes werden durch eine keramische Umkleidung oder durch Verkupferung vor der Aufkohlung geschützt. Die einzusetzenden Teile kohlen sich während der Glühung außen in der gewünschten Tiefe auf etwa 1 % C auf. Nach dem Glühen werden sie zweimal gehärtet, zuerst bei der Härtetemperatur des Einsatzstahles $t > A_{c3}$, sodann bei der Härtetemperatur, die für die überperlitische Schicht in Frage kommt ($t > A_{c1}$). Der Stahl wird dadurch im Kern vergütet und in der aufgekohlten Schicht gehärtet und glashart, so daß er beiden Beanspruchungen gerecht wird. Zwischen beiden Härtungen wird bei verwickelt geformten Stücken eine entspannende Glühung (600°) durchgeführt.

25. Nitrieren. Gußstücke, die in einzelnen Teilen stark auf Verschleiß beansprucht sind und gleichzeitig zähe sein müssen, können auch aus Nitrierstahl hergestellt werden. Die Nitrierstähle sind mit Cr, Al und Molybdän legierte Vergütungsstähle. Die Gußstücke aus Nitrierstahl werden nach dem Vergüten fertig bearbeitet. Hierauf werden sie durch Glühen bei etwa 500° in einer Ammoniakatmosphäre an der Oberfläche nitriert. Die nitrierte Schicht ist glashart. Das Nitrieren hat vor dem Einsatzhärten den Vorteil, daß es bei niedriger Temperatur erfolgt und mit keinem Abschrecken verbunden ist, das ein Verwerfen oder Reißen des Gußstückes zur Folge haben kann.

B. Wärmebehandlung des sehr hoch legierten Stahlgusses.

26. 12proz. Manganstahl, der nach dem Abguß teilweise martensitisches Gefüge aufweist, wird zur Erzielung eines rein austenitischen Gefüges auf 1000 bis 1100⁰ erhitzt und dann im Wasser abgeschreckt. Er ist dann hochverschleißfest.

27. Rost-, säure- und feuerbeständiger Stahlguß. Diese Stahlgußmarken besitzen ein sehr schlechtes Wärmeleitvermögen, außerdem gehen ihre Chromdoppelkarbide sehr langsam in die feste Lösung über. Sie sind daher sehr langsam auf die Temperatur der Wärmebehandlung zu erhitzen. Falls dabei die vollkommene feste Lösung erzielt werden soll, muß die Temperatur länger als bei den niedrig legierten und unlegierten Stählen gehalten werden.

Die Gußstücke aus den unterperlitisch-martensitischen rost- und säurebeständigen Stählen werden zur Erleichterung ihrer Bearbeitbarkeit bei Temperaturen zwischen 670 und 820⁰ durch 2 bis 6 Stunden „weich" geglüht. Bei den unterperlitischen martensitischen säurebeständigen Stählen folgt nach der entsprechenden Bearbeitung das Härten oder das Vergüten. Ihre Härtetemperatur liegt zwischen 950 und 1025⁰. Als Abschreckmittel kommt je nach der Stückgröße und seiner Gestalt Öl oder Luft in Frage. Das Anlassen beim Vergüten erfolgt bei Temperaturen von 600 bis 750⁰.

Die Gußstücke aus austenitischem, säure- oder feuerbeständigem Stahl werden zur Erzielung des rein austenitischen Gefüges von Temperaturen zwischen 1000 und 1150⁰ im Wasser abgeschreckt. Ist dabei ein Verwerfen oder Verziehen des Gußstückes zu befürchten, so wird im Luftstrom abgekühlt.

XII. Prüfung und Abnahme.

Für die Prüfung und Abnahme gelten nach DIN 1681 und anderen Vorschriften die folgenden Regeln: Das Gußstück soll möglichst glatt und sauber und frei von Fehlern sein, die seine Verwendung beeinträchtigen. Solche Fehler dürfen nur mit ausdrücklicher Genehmigung des Bestellers autogen, elektrisch oder mit Thermit verschweißt werden. Die Abgüsse müssen, falls nichts anderes vorgeschrieben wird, normalgeglüht sein.

Das Versandgewicht darf das errechnete Gewicht (Einheitsgewicht 7,85 kg/dm³) in der Regel bis 7% übersteigen. Eine Überschreitung um mehr als 15% berechtigt zur Ablehnung. Bei verwickelt gestalteten oder schwer herstellbaren Gußstücken ist über die zulässige Gewichtsabweichung vor der Fertigung eine Vereinbarung zu treffen.

Die vereinbarten Festigkeiten sind in der Regel an angegossenen Probestücken zu ermitteln, die erst nach dem Glühen von dem Gußstück abgetrennt werden dürfen. Ist sein Angießen nicht möglich, so sind nach der Vereinbarung mit dem Besteller lose aus der Schmelze mitgegossene Probestücke zu verwenden, die mit den Gußstücken geglüht werden und ebenso wie die mitgegossenen keiner Sonderbehandlung unterworfen werden dürfen. Die Probestücke sind so anzugießen, daß sie fehlerfrei erhalten werden und das Gußstück durch sie nicht gefährdet wird. Die Anzahl der Probestücke oder Stäbe ist bei der Bestellung zu vereinbaren. Der Zugversuch wird, falls nichts anderes vereinbart, nach DIN 1605 mit dem kurzen Normalstab oder kurzem Proportionalstab rund oder flach durchgeführt. Die Bestimmung der Streckgrenze erfordert besondere Vereinbarungen.

Die magnetische Induktion wird an beliebigen Stellen des Gußstückes ermittelt.

Besondere Erprobungen wie Klang-, Fall-, Schlag- und Wasserdruckprobe (Tabelle 4) sind bei der Bestellung zu vereinbaren. Stahlgußketten und -anker werden einem Zugversuch unterworfen. Mit dem Anker wird eine besondere Fallprobe, mit einzelnen Kettengliedern ein Schlagbiegeversuch durchgeführt.

Lunkergefährdete Gußstücke werden, falls der Hersteller eine Röntgeneinrichtung besitzt, mit dieser auf Lunker untersucht. Ist dies nicht der Fall, so können sie nach den Vorschriften des Büro VERITAS im Einvernehmen mit dem Hersteller an den lunkergefährdeten Stellen angebohrt werden. Die Löcher sind mit Gewinden zu versehen und mit Gewindestopfen zu schließen.

Zweiter Teil.

Temperguß.

I. Was ist Temperguß?

Temperguß ist in Formen vergossenes weißes Roheisen. Das ist nichtschmiedbares Eisen, das den Kohlenstoff nur in Form von Eisenkarbid enthält. Der Temperrohguß wird nachträglich durch „Glühfrischen und Tempern" — Glühen in einer sauerstoffabgebenden (eisenoxydhältigen) Packung — in den „weißen" Temperguß (Abb. 22a) oder durch „Tempern" — Glühen in einer neutralen (Sand- oder Schlacke-) Packung — in den „schwarzen"

a   b   c
Abb. 22. Bruchaussehen von Temperguß.

Temperguß oder „Schwarzguß" (Abb. 22b) übergeführt. Die Bezeichnung weiß und schwarz bezieht sich auf das Bruchaussehen des Gusses. Das Tempern wird mitunter so durchgeführt, daß der Schwarzguß am Rande entkohlt und damit weiß wird. Diese Abart des Schwarzgusses wird „Schwarzkernguß" (Abb. 22c) genannt.

II. Geschichte und Statistik.

Die ältesten Urkunden, die einen Schluß auf die Zeit der Einführung des Tempergusses zulassen, sind die englischen Patentschriften, die dem Prinzen RUPRECHT VON DER PFALZ am 1. XII. 1670, 6. V. 1671 und 1. XII. 1671 erteilt wurden. RÉAUMUR hat als erster im Jahre 1722 die technische Durchführung der Tempergußerzeugung in einer wissenschaftlichen Abhandlung beschrieben. Sein Verfahren kam zunächst in Vergessenheit. Die Erzeugung von Temperguß wurde in England 1803, Deutschland 1804, Belgien und Frankreich 1818, Österreich 1820 und in den Vereinigten Staaten 1830 aufgenommen.

Zuerst wurde der Tiegelofen als Schmelzofen verwendet. In den siebziger Jahren des vorigen Jahrhunderts wurde, und zwar zuerst in Belgien, auch der Kupolofen herangezogen. Der Siemens-Martin-Ofen wurde zum ersten Male in der Tempergießerei FISCHER, Traisen (Nieder-Donau) verwendet. Die weiteren Schmelzverfahren wurden in den folgenden Jahren in der Tempergießerei eingeführt: Klein-Konverter 1897, Elektroofen 1910, ölgefeuerter Trommelofen 1912, kohlenstaubgefeuerter Trommelofen 1927.

In Deutschland wurden 1936 109540 t, und zwar vorwiegend weißer Temperguß erzeugt. Die jährlichen Erzeugungen einzelner der anderen Staaten sind die folgenden: Vereinigte Staaten 1,3 Mill. t, vorwiegend Schwarzguß, England 70000 t, Frankreich 20000 t, Belgien 8000 t, Schweden 6000 t.

III. Einteilung und Zusammensetzung.

28. Einteilung. Der Temperguß wird nach seinem Bruchaussehen und der Art des freien Kohlenstoffes in weißen, schwarzen, Schwarzkern-Temperguß und Bohrguß eingeteilt. Der Bohrguß, der zur Herstellung von Schlüsseln verwendet wird, unterscheidet sich im Bruchaussehen nicht von dem schwarzen Temperguß. Er enthält jedoch, und zwar zur Verbesserung seiner Bohrbarkeit, neben der Temperkohle geringe Graphitmengen, die mit dem freien Auge nicht sichtbar sind.

Der weiße, der Schwarzkern-Temperguß und der Bohrguß ist nur unlegierter Temperguß. Der schwarze Temperguß ist in der Regel unlegiert. Der von FORD zur Herstellung von Automobilkurbelwellen verwendete schwarze Temperguß ist mit Cu und Cr legiert.

Der unlegierte weiße und schwarze Temperguß wird nach dem DIN-Entwurf 1692 (s. Tabelle 14, S. 49) in die folgenden Güteklassen eingeteilt: Handelsüblicher weißer Temperguß, hochwertiger weißer und hochwertiger schwarzer Temperguß.

29. Zusammensetzung. Der unlegierte Temperrohguß enthält neben dem C noch Si und Mn als gewollte und P, S und andere Bestandteile als ungewollte Elemente. Seine von der Gattierung und dem Schmelzverfahren abhängende Zusammensetzung muß so gewählt werden, daß er mit Ausnahme der Bohrrohgusse weiß erstarrt, und daß beim Tempern der Zerfall des Eisenkarbids beim Glühfrischen die Entkohlung möglichst rasch vor sich geht.

Der legierte schwarze Temperguß für Automobilkurbelwellen enthält neben C, Si und Mn noch Cu und Cr als gewollte Elemente. Seine Zusammensetzung muß ebenfalls so sein, daß er weiß erstarrt und leicht temperbar ist.

Über den Einfluß der einzelnen Begleiter des Eisens auf das Verhalten des Rohgusses beim Erstarren, Tempern und Glühfrischen sowie auf die Eigenschaften des Tempergusses ist das folgende zu sagen:

Kohlenstoff. Mit steigendem Kohlenstoffgehalt erniedrigt sich die Schmelztemperatur und verbessert sich damit das Formfüllungsvermögen des Rohgusses. Er erhöht seine Neigung zum grauen Erstarren sowie seine Glühdauer und Glühtemperatur. Er vermindert infolge der stärkeren Unterbrechung der metallischen Grundmasse des Tempergusses dessen Zugfestigkeit um $1,25\ \text{kg}/\text{mm}^2$ je $0,1\%$ C. Der Kohlenstoffgehalt des Rohgusses soll daher nur so hoch sein, wie es zum Vergießen der Schmelze notwendig ist. Das Formfüllungsvermögen der Schmelze kann durch stärkere Überhitzung derselben verbessert werden. Der Grad der Überhitzung hängt von der erzielbaren höchsten Ofentemperatur ab. Der zulässige Mindestkohlenstoffgehalt liegt daher bei den einzelnen Schmelzverfahren verschieden hoch. Er ist bei dem Kupolofenschmelzen höher als bei den anderen Schmelzöfen. Im Kupolofen ist infolge der innigen Berührung des Einsatzes und des Schmelzgutes mit dem Koks eine Aufkohlung nicht zu umgehen. Auch die Gestalt des Tempergußstückes hat einen Einfluß auf den mindest notwendigen Kohlenstoffgehalt des Rohgusses. Bei schwierig vergießbaren Gußstücken muß er etwas höher als bei leicht vergießbaren sein (s. Tabelle 12).

Silizium verbessert das Formfüllungsvermögen, es begünstigt die Graphitausscheidung beim Erstarren, beschleunigt den Zerfall des Eisenkarbids und verzögert etwas die Entkohlung. Mit Ausnahme bei dem Bohrguß, der einen geringen Graphitgehalt aufweisen darf, muß bei den übrigen Tempergußarten der Siliziumgehalt so gewählt werden, daß ihr Rohguß vollkommen weiß erstarrt.

Er kann bei gleicher Wandstärke um so höher sein, je niedriger der Kohlenstoffgehalt des Rohgusses ist. Mit zunehmender Wandstärke wird die Erstarrung langsamer und damit die Neigung zur Graphitausscheidung größer. Bei gleichem Kohlenstoffgehalt muß daher der Siliziumgehalt niedriger gehalten werden. Tabelle 12 gibt nach STOTZ die für die verschiedenen Wandstärken zulässigen Silizium- und Kohlenstoffgehalte wieder. Der Siliziumgehalt ist im weißen Temperguß etwas niedriger als im Schwarzguß. Im Bohrguß muß er etwas höher sein, damit die Graphitausscheidung eintritt.

Tabelle 12. Beziehungen zwischen Wandstärke, Kohlenstoff und Silizium.

Wandstärke in mm	C %	Si %
3···5	3···2,8	1,25···1,0
5···7	2,8···2,7	1,0···0,9
7···10	2,7···2,6	0,9···0,8
10···15		0,8···0,7
15···20	2,6···2,5	0,7···0,6
>20		0,6···0,5

Silizium erhöht die Zugfestigkeit des Ferrits um etwa $1\,\mathrm{kg/mm^2}$ je $0{,}1\%$ Si, ohne die Dehnung herabzusetzen. Es erhöht das Verhältnis der Streck- zur Bruchgrenze und vergrößert etwas die Härte.

Mangan verzögert die Graphitausscheidung beim Erstarren, den Zerfall des Eisenkarbids und die Entkohlung beim Glühen. Es bindet den Schwefel und schaltet damit dessen verzögernde Wirkung auf den Zerfall des Eisenkarbids aus. Der Mangangehalt des Rohgusses wird daher so hoch gewählt, daß der gesamte Schwefel desselben als MnS vorhanden ist. Dies wird nach GILMORE erreicht, wenn zwischen Mn und S das folgende Verhältnis besteht:

$$\mathrm{Mn} = 1{,}7\ \mathrm{S} + 0{,}25.$$

Das Mangan, das den Schwefel bindet, erniedrigt durch die Bindung desselben die Festigkeit des Gusses etwas, steigert aber seine Dehnung. Das überschüssige Mangan, das sich mit dem Ferrit legiert, erhöht die Zugfestigkeit desselben um $1\,\mathrm{kg/mm^2}$ je $0{,}1\%$. Bis 1% hat es keinen nachteiligen Einfluß auf die Dehnung des Tempergusses.

Schwefel verzögert in der Form von FeS den Zerfall des Eisenkarbids beim Erstarren und beim Tempern. Er macht das Eisen dickflüssig und damit schwer vergießbar. Seine ungünstige Wirkung auf den Zerfall des Eisenkarbids beim Tempern kann durch das Mangan ausgeschaltet werden. Das MnS schwächt jedoch die metallische Grundmasse, da es in derselben in Form von nichtmetallischen Einschlüssen auftritt. Bis $0{,}2\%$ S steigt die Festigkeit des Gusses auch bei gleichzeitigem Absinken der Dehnung, über $0{,}2\%$ fällt die Festigkeit ab. Der Schwefelgehalt des Tempergusses soll daher $0{,}2\%$ nicht übersteigen. In Rohrverbindungsstücken ist der Höchstschwefelgehalt erwünscht, da er ihre Zerspanbarkeit erleichtert. Die Höhe des Schwefels richtet sich nach dem Schmelzverfahren und der Gattierung. Kupolofentemperguß hat infolge des Schwefelzubrandes aus dem Koks einen höheren Schwefelgehalt und daher auch einen höheren Mangangehalt als der der anderen Schmelzöfen.

Phosphor erhöht das Formfüllungsvermögen. Auf die Graphit- und Temperkohleausscheidung hat er nahezu keinen Einfluß. Er setzt bei Gegenwart von gebundenem Kohlenstoff die Schlagfestigkeit des Tempergusses herab und macht ihn kaltbrüchig. Sein Gehalt soll daher bei weißem Temperguß 0,15% nicht übersteigen. Im schwarzen Temperguß kann er bis 0,2% betragen.

Sauerstoff in Form von im Eisen gelöstem FeO macht die Schmelze dickflüssig und den Temperguß brüchig. Es muß daher beim Schmelzen darauf geachtet werden, daß keine Sauerstoffaufnahme erfolgt.

Sonderelemente: Es liegen eine Reihe von Untersuchungen vor über den Einfluß von Ni, Cr, Mo, Cu, Ti, V, Sn, Pb, Bi und anderen Elementen auf die Eigenschaften beider Arten des Tempergusses. Bisher hat nur das Cu und Cr eine praktische Verwendung als Legierungselement bem dei Schwarzguß für Automobilkurbelwellen gefunden.

Das Kupfer begünstigt den Zerfall des Eisenkarbides beim Tempern, es erhöht ab 0,6% die Festigkeit, bei 2,5% wird der Höchstwert erreicht.

Chrom verzögert die Temperkohleausscheidung und erhöht die Festigkeit des Gusses.

Die Zusammensetzung des schwarzen Tempergusses ist die gleiche wie die seines Rohgusses. Der Rohguß des weißen Tempergusses wird beim Glühfrischen und Tempern vollkommen oder teilweise entkohlt. Die Höhe seines Durchschnittkohlenstoffgehaltes hängt von dem Grade der Entkohlung ab. Die übrigen Elemente erleiden bei dieser Wärmebehandlung keine Veränderung. Tabelle 13 gibt eine Übersicht über die Zusammensetzung von schwarzem und weißem Temperguß, der in verschiedenen Öfen erschmolzen wurde. Sie gibt auch die Zusammensetzung des legierten schwarzen Tempergusses für Automobilkurbelwellen wieder.

Tabelle 13. Zusammensetzung des Tempergusses.

Temperguß		C	Mn	Si	P	S	Cu	Cr
Weißer	Kupolofen	> 0,2	> 0,3	> 0,6		< 0,20		—
	SM.-Ofen	je nach der Wandstärke	< 0,3		< 0,15	< 0,08		—
	Tiegelofen		< 0,3	> 0,5		< 0,12		—
	Elektroofen		< 0,3			< 0,05	0,2	—
Schwarzer	Kupolofen	> 2,8	< 0,6	> 0,6		< 0,20		—
	SM.-Ofen	> 2,5	< 0,3	> 0,5	< 0,20	< 0,08		—
Bohr-	Kupolofen	> 2,8	< 0,6	> 1,1		< 0,20		—
	Drehofen	> 2,5	< 0,4	> 1,2	< 0,20	< 0,10		—
Schwarzer legierter		1,3	0,55	1,8	< 0,1	< 0,06	0,37	2,6

IV. Eigenschaften.

30. Gefüge. Der Roheisenguß aller Tempergußarten hat ein untereutektisches oder unterledeburitisches Gefüge (Abb. 23). Seine Gefügebestandteile sind: Perlit (dunkle Felder), Erst- und Zweitzementit (helle Felder).

a) Gefüge des weißen Tempergusses. Bei dem Glühfrischen und Tempern tritt der Zerfall des Zementites in Eisen und Temperkohle ein. Die letztere wird ebenso wie der Kohlenstoff des unzersetzten Karbids durch die Einwirkung der oxydierend wirkenden Gasphase allmählich verbrannt. Die Entkohlung schreitet vom Rande nach innen

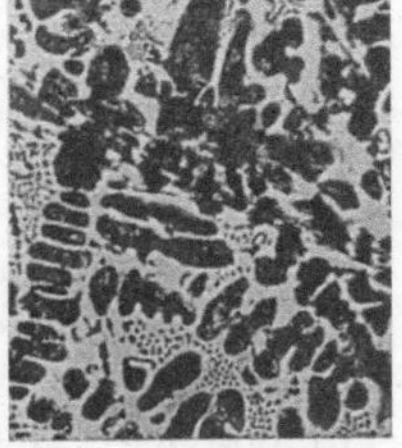

Abb. 23. Gefüge von Temperrohguß. ×=100.

vorwärts. Bei sehr geringer Wandstärke und genügend langer Glühdauer wird der Kohlenstoff vollständig vergast. In diesem Falle hat der weiße Temperguß über den ganzen Querschnitt ein gleichmäßiges, und zwar ein ferritisches Gefüge. Bei unvollkommener Entkohlung ist nur der Rand ferritisch. Nach innen nimmt der Kohlenstoffgehalt zu, so daß neben dem Ferrit immer mehr Perlit auftritt. Der innerste Kern kann sogar reinperlitisch sein. In der perlitischen Zone sind auch noch Temperkohleausscheidungen anzutreffen, die nach innen zunehmen (Abb. 24). Der nicht vollkommen entkohlte Temperguß hat also ein ungleichmäßiges, von der Glühdauer und der Wandstärke abhängiges Gefüge.

b) Gefüge des schwarzen Tempergusses. Bei dem Tempern des Schwarzgusses tritt nur der Zerfall des Zementites ein. Es wird in der Regel so durchgeführt, daß der gesamte Zementit des Rohgusses in Ferrit und Temperkohle zerlegt wird. Der Schwarzguß baut sich in diesem Falle in allen seinen Querschnitten aus einer ferritischen Grundmasse auf, in der die körnige Temperkohle eingebettet ist (Abb. 25). Die Art seines Gefüges ist von der Wandstärke unabhängig. Bei dem Bohrguß ist in der ferritischen Grundmasse neben der Temperkohle noch der bei der Erstarrung ausgeschiedene Graphit vorhanden.

Der Schwarzkernguß, der beim Tempern am Rande entkohlt wurde, hat in der entkohlten Randzone ein ferritisches Gefüge, daran schließt sich ein perlitischer Saum.

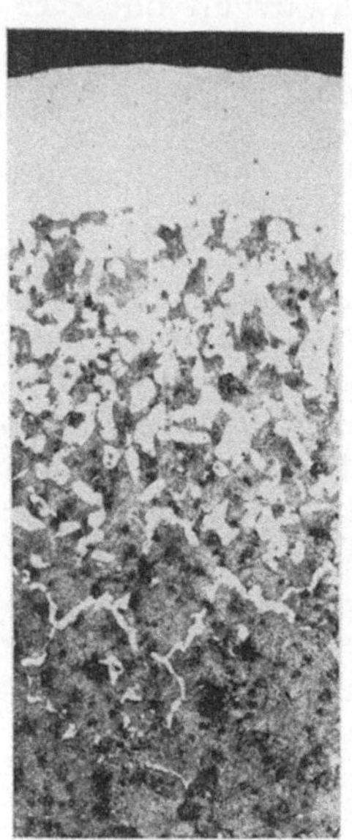

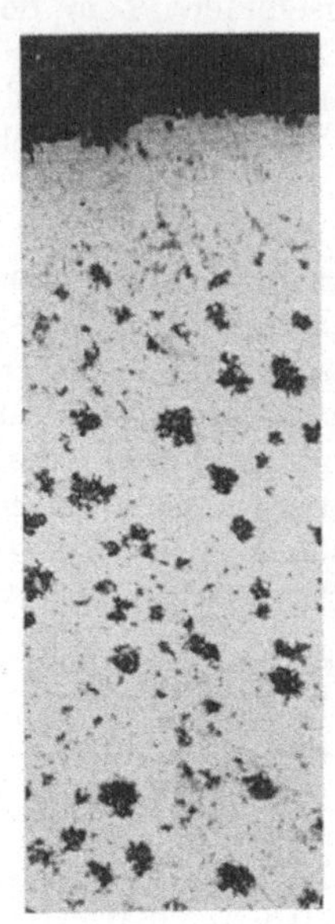

Abb. 24. Querschnitt durch weißen Temperguß. × 25.

Abb. 25. Querschnitt durch Schwarzguß. × 25.

(Werkstoffhandbuch Stahl und Eisen.)

Der schwarze Kern hat das gleiche Gefüge wie der Schwarzguß.

31. Technologische Eigenschaften. Das weiße Roheisen ist im Vergleich zu dem Stahl leicht schmelz- und vergießbar. Es lunkert wie dieser stark. Bei hohem P-Gehalt weist der Rohguß und damit auch der fertige Temperguß Kristallseigerungen auf. Bei größeren Wandstärken treten auch noch Blockseigerungen in bezug auf P und S auf. Die feste Schwindung des Rohgusses, die linear 2% beträgt, wird durch die bei dem Glühfrischen und Tempern durch den Zerfall des Eisenkarbids hervorgerufenen Volumenvergrößerung je nach der Wandstärke des Gußstückes teilweise oder vollkommen ausgeglichen. Das lineare Schwindmaß des weißen Tempergusses beträgt bei Wandstärken von 3 bis 50 mm 2,5 bis 0%, bei Schwarzguß liegt es in den Grenzen von 1 bis 0%. Die Mindestwandstärke einfacher Stücke ist 2,5, bei verwickelten 4 mm.

Temperguß kann kalt verformt werden. Weitgehend entkohlter weißer Temperguß ist schmiedbar (warmverformbar) und schmelzschweißbar. Schwarzguß aller Art und wenig entkohlter weißer Temperguß ist nur mit Vorsicht schmied- und schmelzschweißbar. Beim Erhitzen beider auf die Schmiede- oder Schweißtemperatur besteht die Gefahr, daß eine Rückbildung des Zementites eintritt und der Guß wieder hart und damit brüchig wird.

Weißer Temperguß ist bei entsprechender Entkohlung vergütbar. Entkohlter weißer Temperguß ist im Einsatz härtbar. Schwarzer Temperguß sowie teilweise entkohlter weißer Temperguß, dessen ferritische Zone entfernt wurde, ist oberflächenhärtbar.

32. Mechanische Eigenschaften. Tabelle 14 gibt die Zug-, Biege- und Schwingungsfestigkeiten sowie die Biegewinkel der verschiedenen Güteklassen des

Tabelle 14. Festigkeitszahlen des Tempergusses.

nach DIN 1692					nach ROESCH			Verwendung
Güteklasse		Durch-messer	σ_{zB}	δ	Biege-[3]		Schwin-gungs-festigkeit	
Be-zeichnung	Be-nennung	mm	> kg/mm²	> %	festigkeit kg/mm²	$\sphericalangle\,\alpha$	kg/mm²	
Te … 92	Handels-üblicher weißer Temper-guß[1]	6	(32)	(8)	55 bis 60	30 bis 40	12	Schloß-, Gewehr-, Fahrradteile, Beschläge von Fenstern, Wagentüren, Riemenverbinder, Faßspundbüchsen, Schnallen, Drehherze, Autoheber, Schraubenzwingen, Schraubenschlüssel, Rädchen, Unterlagscheiben, Stellringe u. andere
		9	(34)	(5)				
		12	35	3				
		15	(36)	(2)				
		18	(36)	(2)				
Te 40.92	hoch-wertiger weißer Temper-guß[2]	6	36	16	60 bis 65	50 bis 60	13 bis 16	Isolatorkappen, Motorrad-, Automobilteile, Teile v. landwirtschaftlichen, Textil-, Strick-, Stick-, Haushaltungsmaschinen, Rohrverbindungsstücke (Fittings), Muffen
		9	38	10				
		12	40	5				
		15	41	3				
		18	41	3				
Te 36.92	hoch-wertiger Schwarzguß	6 bis 18	36	10	50 bis 60	30 bis 60	10	Wie oben, jedoch auch dickwandigere Maschinenteile

[1] Die eingeklammerten Werte sind nur Richtwerte.
[2] Nach Vereinbarung kann auch Temperguß mit hoher Festigkeit und Dehnung geliefert werden.
[3] 10×15 mm, 160 mm Auflagerentfernung.

Tempergusses wieder, die in DIN 1692 festgelegt sind. Da sich bei dem weißen Temperguß die Festigkeit mit der Wandstärke ändert, so sind für diesen Guß die Festigkeitswerte für verschiedene Probedurchmesser angegeben. Die Streckgrenze erreicht bei allen Güteklassen mindestens 50% der Zugfestigkeit. Die Festigkeit beider Arten des Tempergusses ist um so größer, je weniger die metallische Grundmasse durch Temperkohle, andere nichtmetallische Einschlüsse oder Poren unterbrochen ist. Wird der Zerfall des Eisenkarbids des Schwarzgusses nur bis zum Perlit durchgeführt, so steigt seine Festigkeit bis auf 70 kg/mm² bei einer Dehnung bis 2% an. Auch bei dem weißen Temperguß hängt die Festigkeit von der Höhe seines Gehaltes an gebundenem Kohlenstoff ab. Sie kann auch bis auf 60 kg/mm² bei 5% Dehnung gesteigert werden. Schwarzkernguß hat die gleiche Festigkeit wie der Schwarzguß, seine Dehnung liegt um etwa 2 bis 3% höher. Der Elastizitätsmodul für Zug des Schwarzgusses wurde von SCHWARZ mit 17500 kg/mm² bestimmt.

Die Werte der Biege- und der Schwingungsfestigkeit sind der Tabelle zu entnehmen. Über die Schlagfestigkeit des Tempergusses liegen nur wenige Untersuchungen vor. Sie fällt mit dem zunehmenden Gehalt an gebundenem Kohlenstoff ab.

33. Physikalische und chemische Eigenschaften. Die Wichte liegt in den Grenzen von 7,2 bis 7,6 kg/dm³. Bei den Gewichtsberechnungen kann mit 7,4 kg/dm³ gerechnet werden. Die Brinellhärte des Schwarzgusses liegt in den Grenzen von $H_n = 110 \cdots 140$. Der weiße Temperguß hat in der ferritischen Randzone eine Brinellhärte $H_n = 125$, sie steigt nach innen bis auf $H_n = 220$ an. Durch die Oberflächenhärtung kann die Härte des Schwarzgusses bis auf $H_n = 600$ gesteigert werden.

Für den Schwarzguß mit ferritischer Grundmasse und den vollkommen entkohlten weißen Temperguß werden nach DIN 1692 die folgenden Werte für die magnetische Induktion (CGS-Einheiten) gewährleistet:

B 25	B 50	B 100
11 500	12 500	13 500

Temperguß rostet von allen unlegierten Eisensorten am wenigsten.

V. Verwendung.

Der Temperguß kommt für jene Werkstücke in Frage, die sich infolge ihrer geringen Wandstärke oder ihrer verwickelten Form aus Stahl nicht vergießen lassen, und aus Grauguß wegen der notwendigen Festigkeit und Zähigkeit als Schmiedestück wegen der hohen Kosten nicht hergestellt werden können. In den Vereinigten Staaten werden aus Schwarzguß auch Stücke bis 100 kg und mehr Gewicht hergestellt. Die Frage, ob weißer oder schwarzer Temperguß verwendet werden soll, hängt von der gewünschten Festigkeit ab, und ob gleichmäßige Festigkeit in allen Teilen des Gußstückes notwendig ist. Tabelle 14 gibt an, für welche Zwecke der Temperguß verwendet wird.

VI. Gestaltung des Tempergußstückes, Herstellung der Form.

34. Gestaltung des Tempergußstückes. Bei dem Entwurf des Tempergußstückes müssen die gleichen Forderungen wie bei dem Entwurf des Stahlgußstückes erfüllt werden. Das Gußstück muß beanspruchungs-, gieß-, modell-, einform-, putz-, glüh-, prüf- und werkzeuggerecht sein. Es ist dann in der Güte einwandfrei und billigst herstellbar.

35. Herstellen der Form. Die Tempergußform wird grundsätzlich in der gleichen Art angefertigt wie die Form für Kleinstahlguß. Zu ihrer Herstellung werden Modelle, Form- und Kernsand, Formkästen, Formwerkzeuge, Formmaschinen und Trockeneinrichtungen benötigt.

Die Tempergußstücke werden gewöhnlich in großen Stückzahlen bestellt. In diesem Fall wird zur Herstellung der Form eine Modellplatte aus Gußeisen oder aus Kunstmasse, wie Steinmasse oder Gips, verwendet. Die Modellplatte trägt nicht nur ein Modell, sondern so viele der gleichen oder verschiedener Art, wie in einem Formkasten Platz haben, damit der Formkastenraum vollkommen ausgenützt wird, und die Verluste durch die Eingüsse kleiner werden. Bei ihrer Anfertigung muß das richtige Schwindmaß eingehalten werden.

Als Formstoff wird magerer Quarzsand verwendet. In den Tempergießereien mit selbsttätiger Sandzufuhr wird mit einem Einheitssand gearbeitet, der eine Mischung von neu aufbereitetem magerem Quarzsand, aufbereitetem Altsand und Kohlenstaub ist. Durch den Kohlenstaubzusatz wird eine glatte Oberfläche der Gußstücke erzielt. In den anderen Gießereien wird der aufbereitete Neusand als Modell-, der aufbereitete Altsand als Füllsand verwendet. Die Aufbereitung des Formsandes muß sorgfältig durchgeführt und überprüft werden. Der Formsand darf nur so weit angefeuchtet sein, als es zur Erzielung der genügenden Festigkeit der Form notwendig ist. Die Formen werden in der Regel grün vergossen, sie werden nur dann getrocknet, wenn Kokillen verwendet werden und die Abgüsse nicht zum Reißen neigen.

Die Kerne sind entweder grüne oder getrocknete Kerne aus magerem Quarzsand oder gebackene Kerne aus reinem Quarzsand und Kernbindemittel — Leinöl, Leinölersatz, andere Kernöle, Sulfitlauge und andere.

Das Einformen erfolgt in Formkästen aus Grauguß. Bei Formen, die kastenlos vergossen werden, werden Formkästen mit Scharnieren verwendet, die nach dem Einformen abgewickelt werden.

Die Formwerkzeuge sind die gleichen wie bei dem Stahlguß.

Das Einformen wird von Hand und mit der Maschine vorgenommen. Als Formmaschinen werden Hand-, hydraulische oder pneumatische Preßformmaschinen, Kleinrüttler und Kleinpreßrüttler verwendet. Für gewöhnliche Formen sind es in der Regel Abhebeformmaschinen mit Wendeplatte. Bei kastenlosem Temperguß werden solche Preßformmaschinen herangezogen, die die gleichzeitige Einformung beider Formkastenhälften ermöglichen. Bei großen Stückzahlen werden die Formen für die kleinen Gußstücke auf Preßformmaschinen mit doppelseitiger Pressung als Stapelformen hergestellt. In diesem Fall ist auf der oberen Seite des Formkastens der Unter-, auf der unteren Seite der Oberteil des Gußstückes eingeformt. Die Formkästen werden nach dem Einformen übereinander gestapelt und durch einen Einguß gefüllt. In dem obersten Formkasten des Stapels ist nur der Oberteil, in dem untersten nur der Unterteil eingeformt. Bei dieser Einformung wird Formsand und Formlohn gespart.

Die zylindrischen Kerne werden mit Hilfe der Kernausdrück-, Kernpreß- oder Kernstopfmaschine hergestellt. Andere Kerne werden mit dem Kleinrüttler oder mit der Kernblasemaschine angefertigt.

Das unter Umständen notwendige Trocknen der Formen wird mit Hilfe von Trockenkammern durchgeführt. Zum Trocknen oder zum Backen der Kerne dienen Kerntrocken- oder Backöfen. Diese Einrichtungen sind die gleichen wie in der Stahlgießerei. Ein Schlichten der Formen oder Kerne ist nicht notwendig.

Die Richtlinien für die Herstellung der Form sind die gleichen wie bei dem Stahlguß. Die Gußstücke sollen nach dem Erstarren nicht im rotglühenden Zustand aus der Form genommen werden, da sie sonst an der Oberfläche Haarrisse bekommen.

VII. Herstellen des Schmelzgutes.

Das Herstellen des Schmelzgutes besteht im Einschmelzen des metallischen Einsatzes und im Überhitzen der Schmelze. Der Einsatz wird nach der gewünschten Zusammensetzung des Rohgusses und nach den Veränderungen, die er beim Schmelzen erfährt, aus den zur Verfügung stehenden Rohstoffen — Temper- und andere Roheisen, Rohgußabfälle, Tempergußabfälle, Stahlschrott und Ferrolegierungen — zusammengestellt.

36. Rohstoffe. a) Roheisen. Das Temperroheisen muß den an die Zusammensetzung des Rohgusses gestellten Anforderungen genügen. Es soll möglichst kohlenstoffarm sein und soll nicht mehr als 0,4% Mn, 1,5% Si, 0,1% P und mög-

52
Temperguß.

lichst wenig S enthalten. Als Zusatzroheisen zur Regelung des Siliziumgehaltes kommt manganarmes Hämatitroheisen in Frage. Zur Erniedrigung des Kohlenstoffgehaltes des Rohgusses wird beim Kupolofenschmelzen niedrig gekohltes Sonderroheisen herangezogen. Tabelle 15 gibt einen Überblick über die Zusammensetzung der Temper- und der Zusatzroheisen. Jede Tempergießerei wird von den einzelnen Sorten einen entsprechenden Vorrat auf Lager haben, damit sie den Einsatz entsprechend zusammenstellen kann.

Tabelle 15. Deutsche Temper- und Zusatzroheisen.

Roheisen	Herkunft	Marke	C %	Mn %	Si %	P %	S %
Temperroheisen	Duisburg Kupferhütte (Duisburger)	weiß	3,4 ··· 3,8		0,8 ··· 0,5		< 0,12
		weiß mit Feinkorn	3,5 ··· 3,8		0,6 ··· 0,3		< 0,10
		meliert	3,5 ··· 4,2	0,3 ··· 0,35	1,2 ··· 0,8	< 0,07	< 0,06
		grau	3,6 ··· 4,0		1,0 ··· 4,0		< 0,035
		grau feinkörnig	4,0 ··· 4,5		1,0 ··· 4,0		< 0,035
	Niederrheinische	—	3,9	0,3	0,9	< 0,06	< 0,080
		—		0,15	0,6		< 0,15
Zusatzroheisen	Duisburg Kupferhütte	Silbereisen weiß	< 2,8	1,0 ··· 3,0	0,9 ··· 1,2	< 0,09	< 0,04
		Silbereisen grau	< 2,8	0,4 ··· 0,7	1,7 ··· 2,5	< 0,09	< 0,04
		Duisburger niedrig gekohlt	2,4 ··· 2,6	0,5 ··· 3,0	0,5 ··· 1,5	< 0,07	< 0,035
	Konkordiahütte	C.H. Kohlenstoff arm	2,6 ··· 2,8	0,4 ··· 1,2	1,2 ··· 1,8	< 0,10	< 0,04
	—	Deutscher Hämatit	3,5 ··· 4,0	0,8 ··· 1,2	2,0 ··· 4,0	< 0,10	< 0,05

b) Rohgußabfälle. In der Tempergießerei erhält man 30 bis 70% des Schmelzgutes als Abfall in Form von Eingüssen, Steigern, verlorenen Köpfen, Saugnäpfen und als Rohgußausschuß. Sie werden sofort wieder als Einsatz verwendet. Ihr Anteil am Einsatz hängt von der Höhe des Ausbringens an Rohguß ab. Sie haben bis auf die geringe Veränderung, die beim Umschmelzen eintritt, schon die gewünschte Zusammensetzung. Es empfiehlt sich, die Rohgußabfälle vor dem Einschmelzen durch Scheuern von dem anhaftenden Formsand zu befreien.

c) Tempergußabfälle. Die Abfälle, die beim Tempern und Glühfrischen entstehen, werden ebenfalls wieder eingeschmolzen. Da ihr Kohlenstoffgehalt nicht immer gleich ist, so müssen sie mit Vorsicht verwendet werden. Ihr Anteil am Einsatz soll 5% nicht übersteigen. Da ihr Anfall nicht groß ist, so können sie ohne Schwierigkeit verarbeitet werden.

d) Stahlschrott wird zur Erniedrigung des Kohlenstoff-, Phosphor- und Schwefelgehaltes und zur Verbilligung des Einsatzes verwendet. Es darf nur stückiger, reiner, rostfreier Stahlschrott verarbeitet werden. In den Herd- und Trommelöfen sowie im Kupolofen können auch brikettierte rostfreie Stahlspäne eingesetzt werden. Der Stahlschrott für den Tiegelofen muß tiegelfertig zerkleinert sein. Der Anteil dieses Rohstoffes am Einsatz bewegt sich in den Grenzen von 5 bis 20%. Bei dem im Kupol- und Elektroofen durchgeführten synthetischen Verfahren wird neben dem Rohgußabfall nur Stahlschrott verwendet.

e) **Ferrolegierungen.** Genügt der Siliziumgehalt der angeführten Rohstoffe nicht, so wird das notwendige Silizium dem Einsatz in Form von 14% Ferrosilizium zugegeben. Werden bei einer Schmelze Gußstücke mit verschiedenen Wandstärken abgegossen, so wird der Siliziumgehalt derselben der stärksten Wandstärke angepaßt. Der für die Gußstücke mit geringerer Wandstärke notwendige höhere Siliziumgehalt wird durch Zugabe von 90% Ferrosilizium in die Gußpfanne eingestellt. Ist ein Zusatz von Mangan notwendig, so wird es in Form von 80% Ferromangan zugesetzt. Es wird auch zur Desoxydation der Schmelze im Flammofen verwendet. Desoxydieren ist auch mit Aluminium möglich.

37. Gattieren heißt den Einsatz aus den zur Verfügung stehenden Rohstoffen so zusammenstellen, daß die gewünschte Zusammensetzung des Rohgusses erzielt wird. Damit dies möglich ist, müssen die Veränderungen berücksichtigt werden, die der Einsatz beim Einschmelzen und Überhitzen der Schmelze durch die Einwirkung der Ofenatmosphäre und der Schlacke, beim Kupolofenschmelzen auch noch durch die Berührung mit dem Koks erfährt. Sie werden durch die chemische Untersuchung der Rohstoffe und des Rohgusses ermittelt. Jede Tempergießerei hat das Bestreben, den täglichen Anfall an Rohgußabfällen — bis 70% — regelmäßig zu verarbeiten. Die Höhe ihres Anteiles am Einsatz richtet sich daher nach dem Durchschnitt des Tagesanfalles. Der Rest des Einsatzes wird unter Berücksichtigung der Veränderungen während des Schmelzens aus den zur Verfügung stehenden sonstigen Rohstoffen zusammengestellt.

38. Schmelzverfahren. Als Schmelzöfen werden in der Tempergießerei verwendet: Der Tiegel-, Kupol-, Flamm- (einfacher kohle-, kohlenstaub- oder öl-gefeuerter Herdofen, Siemens-Martinofen, öl- oder kohlenstaubgefeuerter Trommelofen) und der Elektroofen. Es wird auch nach Doppelschmelzverfahren wie: Kupolofen-Kleinkonverter, Kupol-Elektroofen gearbeitet.

In Deutschland, das hauptsächlich weißen Temperguß erzeugt, waren im Jahre 1935 die einzelnen Öfen mit den folgenden Hundertsätzen an der Tempergußerzeugung beteiligt: Kupolofen 82,6, SM-Ofen 11,1, kohlenstaubgefeuerter Trommelofen 5,2, ölgefeuerter Trommelofen 0,3, Kleinkonverter 0,7 und Tiegelofen 0,1. Die Anteile der einzelnen Schmelzverfahren an der Tempergußerzeugung der Vereinigten Staaten waren im Jahre 1936 die folgenden: Flammofen kohlenstaubgefeuert 59,8, kohlegefeuert 5,2, ölgefeuert 3,0, insgesamt also 68,0%, SM-Ofen 2,7%, Kupolofen 8,2%, Doppelverfahren Kupolofen-Elektroofen 8,3% und Kupolofen-Flammofen 12,7%. Daß in den Vereinigten Staaten der überwiegende Teil des Tempergusses im Flammofen erschmolzen wird, ist darauf zurückzuführen, daß dort hauptsächlich Schwarzguß erzeugt wird, und daß die durchschnittliche Tageserzeugung der einzelnen Gießereien weitaus größer als in Deutschland ist.

Die Auswahl des Schmelzverfahrens hängt von der Art der Erzeugung, der Art des Schmelzbetriebes (unterbrochen oder ununterbrochen), dem notwendigen Gewicht der Schmelze und der geforderten Güte des Erzeugnisses ab. Kommen mehrere Schmelzöfen gleichzeitig in Frage, so entscheiden die Selbstkosten, die durch die Kosten des Einsatzes, die Schmelzkosten und das Ausbringen an gesundem Guß bedingt sind. Tabelle 16 gibt ein Bild über die Betriebsverhältnisse: Art des Einsatzes, Abbrand und Ausbringen an Schmelzgut, Ausschußgefahr beim Gießen, Ofengröße und Betriebsangaben, die die Schmelzkosten beeinflussen, der einzelnen Schmelzverfahren. Ein höheres Ausbringen an gesundem Guß je 100 kg Schmelzgut ergibt Ersparnisse an Form- und Weiterbearbeitungskosten. Diese Ersparnisse müssen bei dem Kostenvergleich in Rechnung gestellt werden.

39. Tiegelschmelzen. Das Tiegelschmelzen ist das älteste Schmelzverfahren zur Erzeugung von Temperguß. Zum Schmelzen des Rohgusses wird der gleiche Tiegelofen wie für die Stahlerzeugung verwendet. Ist der Schmelzbetrieb ein unterbrochener, so kommt nur der koksgefeuerte Zug- oder Unterwindtiegelofen (Abb. 8, S. 20) in Frage. Der Rohgußtiegel faßt bis zu 60 kg. Der Einsatz wird in die vorgewärmten Tiegel eingetragen, dabei wird der Stahlschrott zu oberst in den Tiegel eingesetzt.

Beim Einschmelzen brennt etwas Si und Mn aus. Im Verlauf der Schmelze wird aus der Tiegelwandung Silizium reduziert, so daß am Ende derselben sogar ein geringer Si-Zubrand festgestellt werden kann. P und S bleiben unverändert. Der Verlauf der Schmelze wird durch die Rutenprobe verfolgt. Die Schmelze ist gar, wenn an der Rute weder Eisen noch Schlacke hängenbleibt. Die Tiegel werden unmittelbar vergossen. Sie halten bis zu 20 Schmelzen. Weitere Betriebsangaben sind der Tabelle 16 zu entnehmen.

Der Tiegeltemperguß ist von vorzüglicher Güte. Der Rohguß ist gut entgast und desoxydiert. Der Tiegelofen schmilzt infolge der Tiegelkosten und der kleinen Schmelzleistung teuer. Er kommt daher nur für die Erzeugung von hochwertigem Temperguß in Frage.

40. Kupolofenschmelzen. Der Kupolofen, der in der Tempergießerei verwendet wird, unterscheidet sich von dem Kupolofen der Graugießerei nur durch die Größe. Der Kupolofen der Tempergießerei hat gewöhnlich nur einen Durchmesser von 600 bis 700 mm. Der Ofen wird zweckmäßig mit Vorherd ausgestattet, da bei dieser Ausführung die Kohlenstoff- und Schwefelaufnahme kleiner und die Gleichmäßigkeit der einzelnen Ofenabstiche größer ist. Ist der Ofen so gebaut, daß in dem Vorherd keine Schlacke einströmen kann, so kann das Schmelzgut in dem Vorherd mit Hilfe der WALTERschen Briketts entschwefelt werden. In diesem Falle ist die Freiheit in der Auswahl der Rohstoffe größer.

In dem Kupolofen wird entweder mit oder ohne Roheisen — synthetisch — gearbeitet. Bei dem synthetischen Arbeiten wird das fehlende Silizium in Form von Ferrosiliziumbriketts (EK-Briketts) in den Ofen eingesetzt. Zur Verschlackung der Koksasche wird etwas Kalkstein eingesetzt. Man setzt kleine Gichten und schmilzt so rasch wie möglich, um das Eisen vor der Oxydation, der Schwefel- und der zu starken Kohlenstoffaufnahme zu schützen. Das Eisen nimmt 50 bis 100% des Koksschwefels auf, es ist daher dem Schwefelgehalt des Kokses das größte Augenmerk zu schenken. Bei dem Kupolofenschmelzen ist mit vielen Zufälligkeiten zu rechnen, die, wenn nicht mit größter Sorgfalt gearbeitet wird, Ungleichmäßigkeiten der Erzeugung zur Folge haben. Bezüglich der Betriebsangaben wird auf Tabelle 16 verwiesen. Der Kupolofen schmilzt sehr billig, mit seiner Hilfe können alle Normgüteklassen hergestellt werden.

41. Allgemeines über das Flammofenschmelzen. Bei sämtlichen Flammöfen wird grundsätzlich in der gleichen Art gearbeitet. Durch die oxydierende Wirkung der Verbrennungsgase verbrennt ein Teil des Fe, Mn, Si und C. Die Verbrennungsprodukte der drei ersten bilden mit dem Sand der Rohgußabfälle und des SiO_2 der Zustellung eine Schlacke, die nach dem Einschmelzen das Bad bedeckt. Sie soll dünnflüssig und ihre Menge soll nicht zu groß sein. Ist das erste nicht der Fall, so wird sie durch Kalksteinzusatz verflüssigt, trifft das zweite nicht zu, so wird sie bei den Herdöfen teilweise abgezogen. Trommelöfen werden geschaukelt und dadurch wird das Bad ständig durchgemischt. Bei den Herdöfen wird das Mischen mit eisernen Krücken, zum Schluß mit trockenen Holz-

Tabelle 16. Betriebsverhältnisse der Tempergußschmelzverfahren.

Column groups: *Flammofen* (Herdofen = Kohlenstaubgef. / Regenerativ-O.[1]; Trommelofen mit Rekuper. = Kohlenstaubgef. / Ölgef.); *Elektroofen* (n. Kupol-O. / allein); *Tiegelofen (Koks-O.)*; *Kupolofen (K. O.)*; *Kupolofen und Kleinkonv.* Row groups (left spine): *Einsatz*, *beim Schmelzen* (in %), *Zusammensetzung des Rohgusses*.

Betriebsverhältnisse	Herdofen Kohlenstaubgef.	Herdofen Regenerativ-O.[1]	Trommelofen Kohlenstaubgef.	Trommelofen Ölgef.	Elektroofen n. Kupol-O.	Elektroofen allein	Tiegelofen (Koks-O.)	Kupolofen (K. O.)	Kupolofen (K. O.)	Kupolofen und Kleinkonv.	Kupolofen und Kleinkonv.
Temperroheisen gr.	25	40	32	24	—		20	20	—	—	—
Temperroheisen w.		10	—	—			12	7	—	—	—
Zusatzroheisen	15 Temp. Sch.	—	—	20	2,0 Fe, Si					27	Fe Si
Rohguß-Abfälle	55	50	53	53	53		53	53	53	53	53
Stahlschrott	50	—	15	3	45		15	20	46	20	44
Eisen	1,0	1,0	—	1,3	0,5		0,7	0,7		ja	
Kohlenstoff	15…20	20	15	15…25	Aufkohl.		0	Zubrand		~20	
Mangan	40…50	20	20	15…20	15		10	10…15		~60	
Silizium	~30	20	—	20…30	15		Zubrand	8…10		Wärmequelle ~70	
Schwefel	falls schwefelarmer Brennstoff		0	0	0		0	Zubrand		Zubrand	
Ausbringen in %	95	95		92	90	96	98	94		85…90	
Einsatzgewicht in t	10…30	1…10	4…5	0,5…5	<5		>0,1	600…700 ⌀		2	
durchschnittliche Schmelzdauer in st	20…30/t	3,5/7 t Ofen	3,5…4	1,2…3,3	1,0	2,5	1,5…2,5	1,7…3 t/st		10	
Brennstoffverbrauch %	20…25	15…20[2]	16…23	18…20	150 (kWh/t)	650[2]	35…50	10…12 Satzk.		10 Koks	
Anlagekosten	niedrig	sehr hoch	niedrig		sehr hoch		niedrig			hoch	
Ofenhaltbarkeit (Schm.)	25	1000	100…150	100…120	sehr gut		500	sehr gut		100	
Betriebsbereitschaft	groß	gering	groß								
Treffsicherheit	gut				sehr gut			mäßig		mäßig	
Temperatur	heiß	sehr heiß	heiß	heiß	sehr heiß		normal			sehr heiß	
Güte d. Erzeugnisses	gut bis sehr gut				sehr gut		gut				
Für andere Gußarten geeignet	Graug.	Grau- u. Stahlguß				(Metallguß)	Graug. Stahlg.	Grauguß		Stahlguß	
Gußausschuß	wenig	sehr wenig						etwas mehr		wenig	
C	2,5…2,6	2,4…2,6					2,6…3,0	2,8…3,4		2,4…2,6	
Si[3]	>0,6	>0,6					>0,6	>0,6		>0,6	
Mn	0,3…0,5	0,2…0,3					0,2…0,25	>0,2…0,4		0,2…0,3	
P	<0,2	<0,08					<0,08	<0,1		<0,1	
S	<0,07				<0,06		<0,08	<0,22		<0,22	

[1]) Zwei Öfen notwendig.
[2]) Ununterbrochener Schmelzbetrieb.
[3]) Richtet sich nach der Wandstärke, bei Schwarzguß um 0,1% höher.

stangen durchgeführt, die auf das Bad desoxydierend einwirken. Zur Beurteilung der Temperatur und der Zusammensetzung der Schmelze werden von Zeit zu Zeit Proben entnommen. Die Zusammensetzung derselben wird nach dem Bruchaussehen, der Kohlenstoff durch Schnellanalysen beurteilt. Entspricht die Zusammensetzung nicht vollständig, so wird sie durch entsprechende Zusätze eingestellt.

Der Flammofenrohguß kommt in der Güte dem Tiegelrohguß nahezu gleich. Der Flammofen schmilzt jedoch billiger als der Tiegelofen.

42. Der einfache Herdofen, kurz Flammofen genannt, ist in den deutschen Tempergießereien nicht anzutreffen. In den Vereinigten Staaten ist er der Hauptschmelzofen, da in den amerikanischen Gießereien große Schmelzgewichte bei unterbrochenem Schmelzbetrieb verlangt werden. Er wird dort hauptsächlich mit Kohlenstaub, selten mit Stückkohle, Gas oder Öl geheizt. Die Kohlenstaubfeuerung ergibt ebenso wie die Gas- und Ölfeuerung eine höhere Flammentemperatur, da der Kohlenstaub, das Gas und das Öl mit einem geringen Luftüberschuß vollkommen und vollständig verbrannt werden können. Der kohlenstaubgefeuerte Flammofen verbraucht daher weniger Brennstoff, als der mit Stückkohle gefeuerte, der Kohlenstaub ist aber etwas teurer.

Abb. 26 gibt den kohlenstaubgefeuerten Flammofen bildhaft wieder. Der Ofen ist aus Silikatsteinen gebaut, der Herd ist aus Quarzsand aufgestampft.

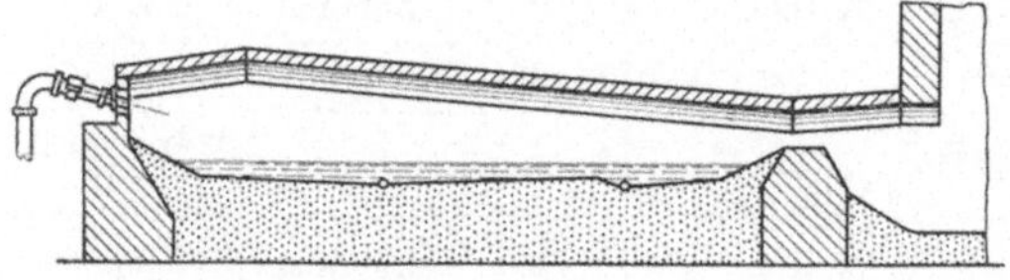

Abb. 26. Kohlenstaubgefeuerter Flammofen.

Das Gewölbe ist ein abhebbares Hängegewölbe. Der Ofen wird von oben beschickt. Wird der Ofen mit Stückkohle geheizt, so ist an den Herd ein Rost angebaut, er wird mit Unterwind und Zweitwind betrieben, der hinter der Feuerbrücke durch im Gewölbe schräg angeordnete Düsen eingeblasen wird. Bei dem einfachen Flammofen wird die freie Wärme der Verbrennungsgase nicht ausgenützt, sie streichen unmittelbar in die Esse. Die Temperatur der Schmelze ist daher etwas niedriger als bei den folgenden Flammöfen.

43. Der Siemens-Martinofen kommt nur dann in Frage, wenn ein ganz oder nahezu ununterbrochener Schmelzbetrieb gewährleistet ist. Um ihn zu ermöglichen, wird gleichzeitig auch Stahlguß erzeugt. Je nach der gewünschten Schmelzleistung wird entweder der normale Siemens-Martinofen mit einem Einsatzgewicht von 4 bis 10 t verwendet oder der Klein-Siemens-Martinofen mit angebautem Gaserzeuger oder eine andere Kleinbauart. Der Ofen ist sauer zugestellt. Wegen der langen Dauer der Neuzustellung muß ein Ersatzofen bereitstehen. Der Siemens-Martinofen liefert ein sehr heißes Schmelzgut von hoher Güte und damit sehr geringen Gußausschuß.

44. Der ölgefeuerte Trommelofen, der ebenfalls eine sehr heiße Schmelze von hoher Güte liefert, hat sich seit dem Jahre 1912 in den deutschen Tempergießereien eingebürgert. Er wird mit Teeröl geheizt, das im Vergleich zu der Kohle und dem Kohlenstaub teuer ist. Er ergibt daher höhere Schmelzkosten als die anderen Flammöfen, so daß er nur noch dort verwendet wird, wo kleine Schmelzgewichte und hohe Güte verlangt wird. Bei größeren Schmelzgewichten wird er durch den kohlenstaubgefeuerten Trommelofen ersetzt, von dem er sich nur durch den Brennstoff unterscheidet; er ist auch nicht wie dieser kippbar.

45. Der kohlenstaubgefeuerte Trommelofen (BRACKELSBERG-Ofen) (Abb. 27) ist mit einer Kippvorrichtung ausgestattet, die bei dem Beschicken und Abgießen in Tätigkeit tritt.

Bei beiden Öfen ist die mit Silikatsteinen ausgemauerte Trommel auf Rollen gelagert. Sie wird bei dem ölgefeuerten geschwenkt, bei dem Brackelsberg-Ofen wird sie abwechselnd nach beiden Richtungen gedreht. Diese Bewegung begünstigt den Wärmeübergang, die Entgasung und die Desoxydation der Schmelze. Die freie Wärme der Abgase wird in einem Rekuperator zur Vorwärmung der Verbrennungsluft ausgenützt. Beide Öfen schmelzen daher sehr heiß.

Die Betriebsangaben über die einzelnen Flammöfen sind der Tabelle 16 zu entnehmen.

46. Der Elektroofen wird entweder allein oder in Verbindung mit dem Kupolofen verwendet. Da in den Tempergießereien unterbrochen geschmolzen wird, so kommt nur der Lichtbogen-Widerstandsofen und der Graphitstabofen in Frage.

Bei sehr kleinen Schmelzgewichten kann bei dem Doppelverfahren „Kupol-Elektroofen" auch der Einphasen-Niederfrequenz-Induktionsofen Bauart Russ oder anderer Bauart verwendet werden. Wird mit dem Elektroofen allein geschmolzen, so kann er wie der Siemens-Martinofen arbeiten, oder er kann aus Rohgußstahlschrott und Ferrosilizium synthetischen Temperguß herstellen. Im zweiten Fall ist der Stromverbrauch etwas höher, es wird dafür kein Temper- oder Zusatzroheisen gebraucht, das in der Regel teurer als der Stahlschrott ist. Es wird daher von dem Strompreis und den Rohstoffpreisen abhängen, in welcher Art der allein arbeitende Elektroofen betrieben wird. Er kann sauer oder basisch zugestellt werden. Die gleichzeitige Verwendung von Kupol- und Elektroofen hat den Vorteil, daß das Einschmelzen von dem billig schmelzenden Kupolofen übernommen wird. In diesem Fall wird auch synthetisch gearbeitet. Der Elektroofen wird bei dem Doppelverfahren basisch zugestellt, damit der hohe Schwefelgehalt des Kupoleisens herabgesetzt werden kann. Der Elektroofen feint und überhitzt die Kupolofenschmelze. Der Elektroofen liefert einen heißen Guß von hoher Güte. Tabelle 16 gibt seine Betriebsangaben wieder.

Abb. 27. BRACKELSBERGscher Kohlenstaubdrehofen mit Kippvorrichtung.

47. Kleinkonverter. Im Kleinkonverter kann auch Rohguß erblasen werden. Sein Einsatz wird ebenfalls im Kupolofen erschmolzen. Er besteht aus Hämatit, Rohguß- und Stahlschrott oder nur aus Rohguß- und Stahlschrott und Ek-Si-Paketen. Der Si-Gehalt der Kupolschmelze muß so hoch sein, daß durch die Verbrennung des zu entfernenden Teiles die zum Vergießen notwendige Temperatursteigerung erzielt wird. Er liegt je nach dem gewünschten Si-Gehalt des Gusses in den Grenzen von 1,8 bis 2,2%. Bei dem Verblasen wird nach der Uhr gearbeitet. Bei dem Kleinkonverterverfahren ist mit den gleichen Zufälligkeiten wie bei dem Kupolverfahren zu rechnen. Es muß daher sehr sorgfältig gearbeitet werden. Der Kleinkonverter hat eine hohe spezifische Schmelzleistung. Die Güte seines Erzeugnisses kommt jener des Kupolofengusses gleich. Die Betriebsangaben über den Kleinkonverter sind der Tabelle 16 zu entnehmen.

VIII. Gießen.

Vergossen wird in der Regel mit gut vorgewärmten Handpfannen. Bei kleinen Schmelzgewichten und kurzen Gießwegen werden die Handpfannen unmittelbar aus dem Ofen angefüllt. Bei größeren Schmelzgewichten und langen Gießwegen wird eine Kranpfanne zwischengeschaltet. Der lange Gießweg kann auch durch die Beförderung der Handpfannen mit einer Hängebahn rasch zurückgelegt werden. Bei vorherdlosem Kupolofen können die einzelnen Abstiche große Unterschiede aufweisen; um in diesem Falle ein gleichmäßiges Schmelzgut zu erhalten, wird eine gut vorgewärmte Trommelpfanne verwendet, die zwei bis drei Abstiche faßt. Es ist zweckmäßig, daß mit einer Schmelze nur Gußstücke gleicher Wandstärke abgegossen werden, da sich die Zusammensetzung der Schmelze in bezug auf C und Si nach der Wandstärke richtet. Ist dies nicht möglich, so wird die Schmelze im Kohlenstoffgehalt auf die dünnste, im Siliziumgehalt auf die stärkste Wandstärke eingestellt. Der für die Gußstücke mit geringeren Wandstärken günstigste Siliziumgehalt wird dann in den Handpfannen mit 90% Ferrosilizium eingestellt.

Beim Vergießen ist auf die richtige Gießtemperatur zu achten. Kleine Gußstücke werden so heiß wie möglich vergossen. Bei größeren Gußstücken läßt man das Schmelzgut etwas abstehen. Die Gießtemperatur muß so hoch sein, daß ein klagloses Füllen der Form erzielt wird. Die Gußstücke läßt man im allgemeinen in der Form weitgehend abkühlen. Müssen sie sofort nach dem Erstarren aus der Form entfernt werden, da die Gefahr des Reißens infolge der Störung ihrer Schwindung durch den Widerstand der Form besteht, so werden die Stücke sofort in vorgewärmte Abkühlkammern eingesetzt, in welchen sie über Nacht langsam abkühlen. Die langsame Abkühlung der Gußstücke ist notwendig, da sie sonst an der Oberfläche haarrissig werden.

IX. Putzen des Rohgusses.

Sofort nach dem Herausnehmen der Gußstücke aus der Form werden die Steiger, Eingüsse und Saugnäpfe abgeschlagen. Bei den noch glühenden Stücken muß dies mit Vorsicht geschehen, damit nicht Risse entstehen. Der sofort erkennbare Ausschuß wird ausgeschieden. Der übrige nicht sperrige Guß wird in der Gußputzerei durch Scheuern (Trommeln) in Scheuerfässern oder -trommeln, die mit Sandstahldüsen ausgestattet sein können, von dem anhaftenden Formsand befreit. Die Trommeln fassen bis zu 2 t, sie müssen ziemlich voll gepackt sein, damit die Gußstücke nicht hoch stürzen, wodurch sie zerschlagen werden können. In den Trommeln werden zur Erhöhung der Scheuerwirkung Rohgußeingüsse oder -putzsterne zugesetzt. Die Trommeln sind an eine Staubabsaugung angeschlossen. Sperrige Stücke werden mit Hilfe des Drehtischsandstrahlgebläses geputzt. Nach dem Putzen werden die Stücke nochmals auf Fehler — Risse, Lunker, Graphitausscheidung — untersucht. Risse und Graphitausscheidungen werden an dem Klang erkannt, er ist bei Vorhandensein beider Fehler dumpf. Die Rohgußstücke des Schwarzgusses werden vor dem Tempern auch noch geschliffen. Bei dem weißen Temperguß wird das Entfernen der Überreste der Eingüsse, Steiger und Saugnäpfe durch Schleifen erst nach dem Glühfrischen vorgenommen. Das Schleifen erfolgt mit feststehenden Doppelschleifmaschinen. Die Schleifmaschinen sind ebenfalls an eine Staubabsaugung angeschlossen. Für das Schleifen des Rohgusses werden Siliziumkarbidscheiben verwendet. Zum Schleifen des fertigen Tempergusses dienen Korundscheiben.

X. Wärmebehandlung des Rohgusses.

Die Wärmebehandlung des Rohgusses hat den Zweck, denselben weich und zähe und damit technisch brauchbar zu machen. Dies wird entweder erreicht durch das „Glühfrischen und Tempern" — Glühen in einer oxydierend wirkenden eisenoxydhältigen Packung — oder durch das „Tempern" — Glühen in einer neutralen Sand- oder Schlackenpackung —. Im ersten Fall wird der Rohguß in den weißen, im zweiten Fall wird er in den schwarzen Temperguß verwandelt.

48. Vorgänge beim Tempern. Durch das Tempern soll der metastabile Zustand (Fe—Fe$_3$C) des Rohgusses in den stabilen Zustand (Fe—C) übergeführt werden. Es soll dabei das gesamte Eisenkarbid des Rohgusses, das als perlitisches Zweit- und Erstkarbid vorhanden ist (Abb. 28), in α-Eisen und Temperkohle zerlegt werden. Damit diese Umwandlung vor sich geht, wird der Rohguß unter Luftabschluß in einer Sand- oder Schlackenpackung eine bestimmte Zeit bei einer über dem ersten Haltepunkt — A_{c_1} — liegenden Temperatur geglüht. Die dabei ablaufenden Vorgänge werden am besten an einem Beispiele erläutert. Angenommen, es liegt ein Rohguß mit 3% C und 0,6% Si vor, der bei 900° getempert wird. Bei dem Erhitzen auf diese Temperatur geht der gesamte α-Ferrit in γ-Ferrit über, der bei 900° etwa 27,5% des gesamten Eisenkarbids, und zwar das gesamte perlitische, und etwa 42% des Zweitkarbids auflöst, so daß neben dieser festen Lösung des γ-Eisens und des Eisenkarbids noch 72,5% freies Eisenkarbid vorhanden sind. Bei dem Halten der Temperatur von 900° geht der meta-

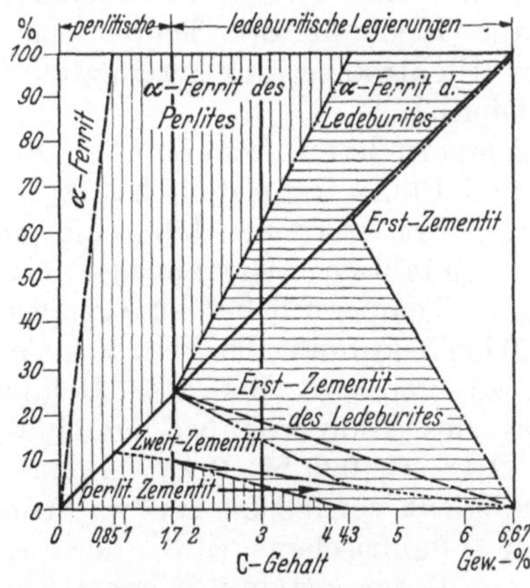

Abb. 28.
Aufbau der metastabilen Fe-C-Legierungen.

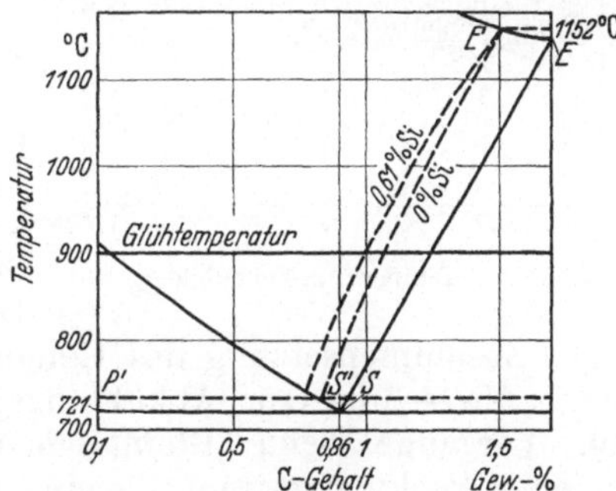

Abb. 29. Teil des Fe-Fe$_3$C-ct-Schaubildes.

stabile Zustand in den stabilen über. Dies hat zur Folge, daß das freie Eisenkarbid und ein Teil des im γ-Eisen gelösten in γ-Eisen und Temperkohle zerfällt, die teilweise von dem entstehenden γ-Eisen gelöst wird. Bei Erreichung des Gleichgewichtszustandes ist neben der Temperkohle eine feste Lösung von γ-Eisen und Kohlenstoff vorhanden, die nach Abb. 29 1,0% C, das sind 33,3% des Gesamtkohlenstoffgehaltes, in Lösung hält. Sobald dieser Zustand erzielt worden ist, ist das weitere Glühen zwecklos. Es würde die Güte des Gusses nur verschlechtern, da er um so grobkörniger wird, je länger er geglüht wird. Damit bei der nun folgenden Abkühlung der vollkommene Zerfall der festen Lösung in α-Eisen und Temperkohle erzielt wird, wodurch der Guß rein ferritisch wird, muß die Abkühlung von 800 bis 600° sehr langsam, höchstens 5° in der Stunde, durchgeführt werden. Erfolgt sie rascher, so geht die stabile feste Lösung wieder teilweise oder vollkommen in die metastabile über. Es entsteht dann beim Unterschreiten des Haltepunktes A_{r_1} nicht das Eutektoid von α-Eisen und Temperkohle, sondern dieses und das Eutektoid von α-Eisen und Eisenkarbid (Perlit) oder das letztere allein. Die Dauer des Temperns ist um so kürzer, je höher die Glühtemperatur ist. Sie hängt auch, wie Abb. 30 zeigt, von dem Kohlenstoff- und Siliziumgehalt des Rohgusses ab. Ist der Schwefel des Rohgusses nicht an das Mangan gebunden, so bedingt er längere Glühzeiten. Auch die Größe des Eisenkarbids hat einen Einfluß auf die Glühdauer, je feiner es ausgebildet ist, um so rascher geht sein Zerfall vor sich.

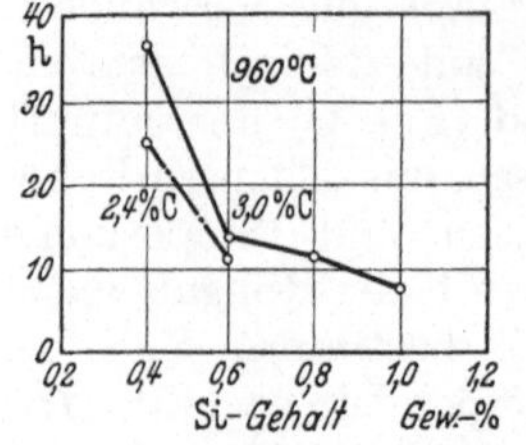

Abb. 30.   Glühdauer beim Tempern.
(GNADE, PIWOWARSKY, FELIX.)

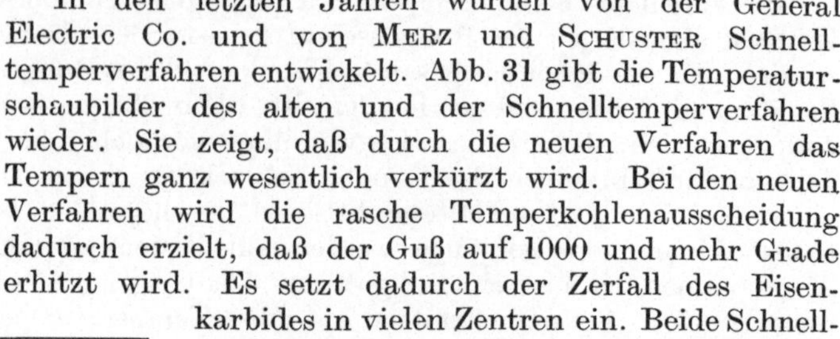

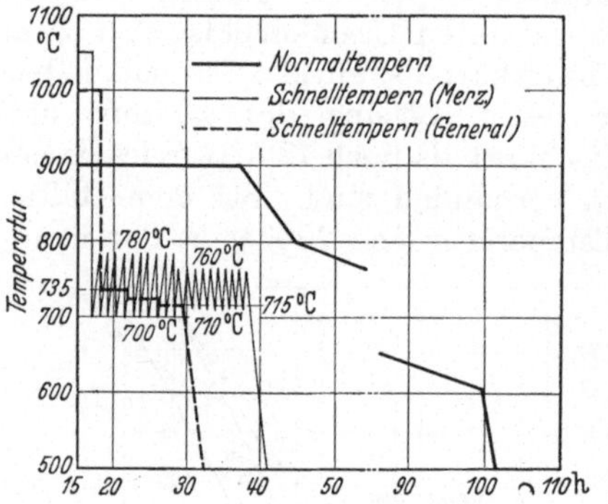

Abb. 31.   Tempern, zt-Schaubilder.

In den letzten Jahren wurden von der General Electric Co. und von MERZ und SCHUSTER Schnelltemperverfahren entwickelt. Abb. 31 gibt die Temperaturschaubilder des alten und der Schnelltemperverfahren wieder. Sie zeigt, daß durch die neuen Verfahren das Tempern ganz wesentlich verkürzt wird. Bei den neuen Verfahren wird die rasche Temperkohlenausscheidung dadurch erzielt, daß der Guß auf 1000 und mehr Grade erhitzt wird. Es setzt dadurch der Zerfall des Eisenkarbides in vielen Zentren ein. Beide Schnellverfahren bedingen eine genaue Einhaltung des festgelegten Temperaturschaubildes. Sie sind daher nur mit Öfen durchführbar, die eine genaue Regelung der Temperatur ermöglichen (Elektroöfen, mit gereinigtem Gas geheizte Öfen).

Das Tempern kann, wie GNADE, PIWOWARSKY und FELIX festgestellt haben, auch so durchgeführt werden, daß eine reinperlitische metallische Grundmasse erzielt wird. Dieser Temperguß hat eine Zugfestigkeit von 60 bis 70 kg/mm², bei über 40 kg/mm² Streckgrenze und 1,5 bis 2% Dehnung. Diese Art des Temperns bedingt eine bestimmte Zusammensetzung des Rohgusses — 2,4% C, 0,6 bis 0,7% Si und 0,7 bis 0,8% Mn — und eine Abkühlungsgeschwindigkeit von 80 bis 100° je Stunde.

49. Vorgänge beim Glühfrischen. Beim Glühfrischen wird der Rohguß in einer Packung geglüht, die ein Gemenge von Roteisenstein und gebrauchtem Tempererz oder von Hammerschlag oder Walzensinter und gebrauchter Tempermasse ist. Sie enthält Eisenoxyd, Eisenoxyduloxyd und Eisenoxydul. Das Glühfrischen wird ebenfalls bei Temperaturen über A_{c_1} durchgeführt. Bei dem Erhitzen auf die Glühtemperatur gehen die gleichen Vorgänge wie bei dem Tempern vor sich, so daß nach dem Erreichen der Glühtemperatur eine feste Lösung von γ-Eisen und Eisenkarbid neben freiem Eisenkarbid vorhanden ist. Ab 600° spalten die höheren Eisenoxyde der Packung Sauerstoff ab, so daß in den Glühtöpfen eine oxydierend wirkende Gasphase vorhanden ist. Bei dem Halten der Glühtemperatur gehen die folgenden chemischen Vorgänge vor sich:

1. $2Fe_2O_3 = 4FeO + O_2$;   2. $Fe_3C = 3Fe + C$;   3. $C + O_2 = CO_2$;
4. $CO_2 + Fe_3C = 3Fe + 2CO$;   5. $CO_2 + C = 2CO$;   5. $2CO + O_2 = 2CO_2$.

In der Gasphase ist auch etwas H_2 zugegen, der durch Zersetzung der Feuchtigkeit des Tempererzes entsteht. Er vergast einen Teil des freien und Karbidkohlenstoffes zu CH_4.

Das Gußstück wird vom Rande aus allmählich entkohlt. Die in den äußeren Zonen verbrannten Kohlenstoffmengen werden immer wieder durch ein Nachfließen (Diffusion) des Kohlenstoffes aus dem Innern bis zum Ausgleich der Konzentration ersetzt. Gleichzeitig vergast auch der Kohlenstoff im Innern, indem das Kohlendioxyd in das Innere des Gußstückes eindringt. Bei entsprechend langem Glühen wird das Gußstück vollkommen entkohlt. Bei nicht vollständiger Entkohlung schließt sich an den ferritischen Rand ein je nach der Glühdauer mehr oder weniger perlitischer Kern an, dessen Perlitgehalt nach innen zu ansteigt. In beiden Zonen sind auch noch Reste von Temperkohle vorhanden (s. Abb. 24).

Das Gelingen des Glühfrischens ist von der Zusammensetzung der Gasphase abhängig. Das Verhältnis $CO_2 : CO$ soll während des Glühfrischens $1 : 2$ sein. In der Gasphase sind weiter etwa 10% N und etwa 2% CH_4 vorhanden. Ihre Zusammensetzung ist durch den wirksamen Sauerstoffgehalt des Tempermittels bedingt. Ist er zu hoch, so entsteht eine CO_2-reichere, stärker oxydierend wirkende Gasphase. Das überschüssige CO_2 wirkt dann auch auf das Eisen ein, das nach der Gleichung

$$Fe + CO_2 = FeO + CO$$

verbrennt. Tritt diese Oxydation im starken Ausmaße ein, so hat sie verbrannten Guß zur Folge, der an der Oberfläche rauh ist. Bei schwächerer Oxydation weist der Guß in der Randzone Schalen oder Hautbildungen auf. Der Guß mit Haut ist an der Oberfläche rein. Die Haut ist erst am Bruch oder bei der Deformation des Gußstückes zu erkennen. In den verbrannten Teilen des Gußstückes sind Eisenoxyduleinschlüsse zu beobachten. Abb. 32 zeigt ein Tempergußstück mit verbrannter Haut. Abb. 33 gibt ein ungeätztes metallographisches Bild der Schale dieses Gußstückes wieder. Die

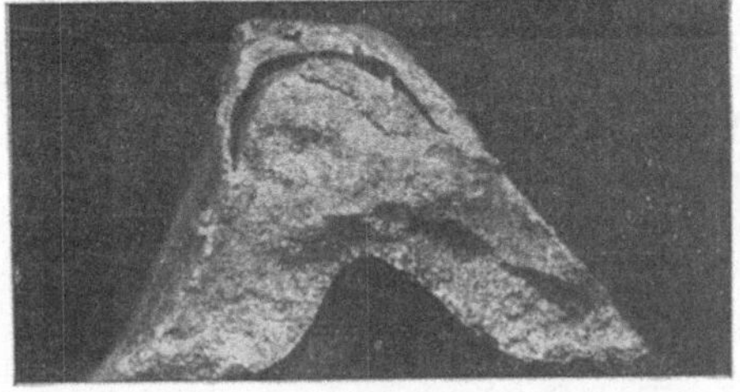

Abb. 32. Temperguß mit Haut.

schwarzen Punkte in der Kernzone sind Temperkohle, die schwarzen Einschlüsse der scharf abgegrenzten Randzone sind Oxyduleinschlüsse. Die Hautbildung ist außer von der Beschaffenheit des Tempermittels auch noch von der Zusammensetzung des Rohgusses und von der Glühtemperatur abhängig. Silizium und Schwefel begünstigen die Hautbildung. Bei gleichen Glühbedingungen nimmt die Dicke der Haut mit steigender Glühtemperatur zu. Nach ZINGG hat das Verhältnis von Fe_2O_3 und FeO im Tempermittel den stärksten Einfluß auf die Schalenbildung, es soll $10 : 90$ sein. Der Gesamtsauerstoffgehalt des Tempermittels soll danach 31% betragen. Ist der Gehalt des Tempermittels an wirksamem Sauerstoff zu klein, so steigt der CO-Gehalt der Gasphase an. Es tritt dann durch die Reaktion $3Fe + 2CO = Fe_3C + CO_2$ eine mehr oder weniger starke Rückkohlung bei der Abkühlung ein. Da-

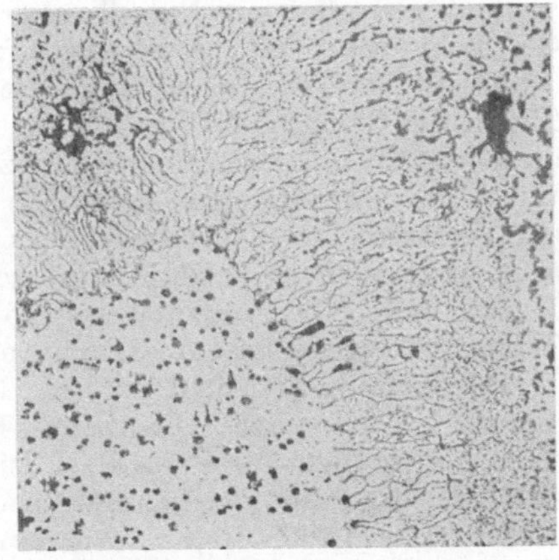

Abb. 33. Haut des Stückes Abb. 34.

bei entsteht am Rande des Gußstückes eine dünne Perlitzone. Es empfiehlt sich, neue Mischungen des Tempermittels vor ihrer Verwendung durch ein Versuchsglühfrischen zu erproben, das mit einem keilförmigen Rohguß ausgeführt wird. Bleibt dessen dünne Schneide bei genügend rascher Entkohlung des dicken Teiles frei von Haut, so ist das Tempermittel gut. Es muß frei von Schwefel sein, es darf weiter an den Gußstücken nicht anfritten und muß einen bestimmten Grad von Feinheit besitzen.

Das Glühfrischen nimmt eine längere Zeit als das Tempern in Anspruch. Die Glühdauer richtet sich nach der Höhe der Glühtemperatur, dem gewünschten Grade der Entkohlung und der Wandstärke der Gußstücke. Für das Glühfrischen kommt der Temperaturbereich von 900 bis 1000° in Frage. Abb. 34 gibt das Zeit-Temperatur-Schaubild für das Glühfrischen wieder. Nach Beendigung des Glühens läßt man den Guß im Ofen bis auf ungefähr 600° langsam auskühlen. Die Tempertöpfe werden dann aus dem Ofen herausgehoben und an der Luft auskühlen gelassen.

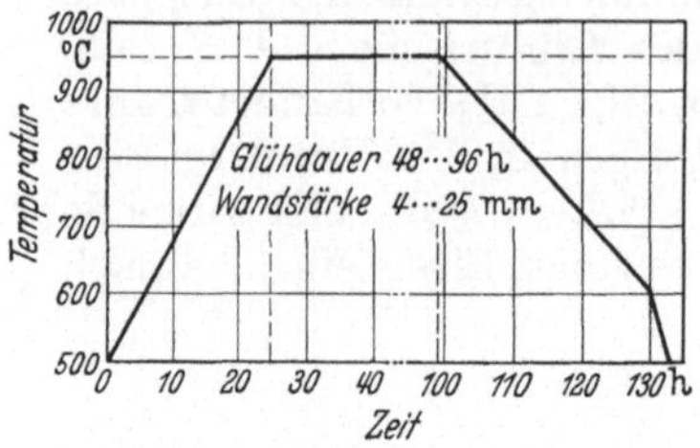

Abb. 34. Glühfrischen, zt-Schaubild.

Die vollständige Entkohlung wird nur bei Gußstücken bis zu 3 mm Wandstärke erzielt. Durch das Glühfrischen wird das Gußstück entsprechend der Entkohlung leichter. Auf die Volumenvergrößerung beim Glühfrischen und Tempern ist schon bei Angabe der Schwindmasse beider Tempergußsorten hingewiesen worden.

50. Weitere Wärmebehandlungen des Tempergusses. Der weiße Temperguß kann durch „Weich"glühen in seinen Eigenschaften verbessert werden. Durch diese Art des Glühens, das bei Temperaturen um A_{c1} vorgenommen wird, wird das Eisenkarbid in den körnigen Zustand übergeführt, gleichzeitig wird der Guß durch den Kohlenstoffausgleich zwischen Kern und Rand in seinem Aufbau gleichartiger. Er hat dadurch in allen Teilen gleichmäßigere Eigenschaften, seine Festigkeit liegt in den Grenzen von 40 bis 45 kg/mm² bei 6 bis 5% Dehnung. Das doppelte Glühen erhöht jedoch seine Kosten, es kommt daher nur in Frage, wenn gleichmäßigere Beschaffenheit in allen Teilen des Gußstückes verlangt wird.

Schwarzguß kann vergütet werden (DRP). In diesem Zustand hat er eine Festigkeit bis zu 75 kg/mm² bei 5% Dehnung. Ist der Schwarzguß zu verzinken, so muß er vorher aus einer Temperatur von 650 bis 700° abgeschreckt werden. Geschieht dies nicht, so ist der verzinkte Schwarzguß spröde.

51. Glühmittel. Bei dem Tempern hat das Glühmittel nur den Zweck, den Zutritt der Ofengase von dem Glühgut fernzuhalten und durch ein dichtes Packen die Gußstücke vor dem Verziehen zu schützen. Können die Tempertöpfe dicht verschlossen werden oder kann mit einem Schutzgas gearbeitet werden und ist ein Verziehen der Gußstücke nicht zu befürchten, so kann ohne Packung gearbeitet werden. Als Glühmittel wird bei dem Tempern reiner Quarzsand von 1 bis 2 mm Korngröße oder gekörnte Schlacke, mitunter auch gebrauchtes Tempererz verwendet. An Quarzsand werden je t Guß 0,3 bis 0,6 t verbraucht.

Bei dem Glühfrischen wird ein Gemenge von gebrauchtem und von frischem Tempererz verwendet. Das frische Tempererz ist ein eisenoxydreicher Roteisenstein, der möglichst frei von P, S, leichtschmelzbarer Gangart und von Kalkstein sein soll. Es wird gesiebt, gewaschen und geschlämmt. Seine Korngröße liegt in den Grenzen 0 bis 15 mm. Am häufigsten werden die Körnungen 3 bis 6 (dünne Wandstärken) und 6 bis 9 mm (stärkere Wandstärken) gebraucht. Das Mischungsverhältnis von neuem zum gebrauchten Tempererz richtet sich nach der Wandstärke der Gußstücke und dem gewünschten Grade der Entkohlung. Es liegt in den Grenzen von 1 : 3 bis 1 : 5. An Tempererz werden je 100 t Guß 25 bis 35 t verbraucht. In einzelnen Gießereien wird an Stelle von Tempererz Walzensinter oder Hammerschlag verwendet.

52. Tempertöpfe. In Deutschland werden zylindrische Tempertöpfe von 60 bis 70 cm Durchmesser und 60 cm Höhe verwendet, sie werden gewöhnlich zu dritt aufeinander gesetzt. Abb. 35 gibt nach STOTZ den Vorschlag für einen Norm-Tempertopf wieder. Die Bodenöffnung hat den Zweck, das Entleeren der Töpfe zu erleichtern und die Gußspannungen zu mildern, sie wird durch ein Eisenblech verschlossen. In Amerika werden bodenlose Töpfe nach Abb. 36 benützt. Die Tempertöpfe werden aus hartem Grau-, Stahl- und Rohguß sowie aus feuerbeständigem Chromnickelguß oder Chromnickelstahlblech hergestellt. Die feuerbeständigen Töpfe, besonders die aus Blech, sind in den Wandstärken schwächer als die unlegierten. Sie halten über 120 Glühungen, ihre Anschaffungskosten sind aber wesentlich höher. Die unlegierten halten beim Glühfrischen bis zu 20 Glühungen aus. Bei kohlegefeuerten Öfen verschleißen die Töpfe rascher als bei kohlenstaubgas- oder ölgefeuerten Öfen, da ihre Ofengase sauerstoffreicher sind. Der Aufwand an un- legierten Tempertöpfen bewegt sich bei dem Glühfrischen zwischen 20 und 25, beim Tempern zwischen 5 und 15 kg. Er ist bei Kammeröfen höher als bei Tunnelöfen.

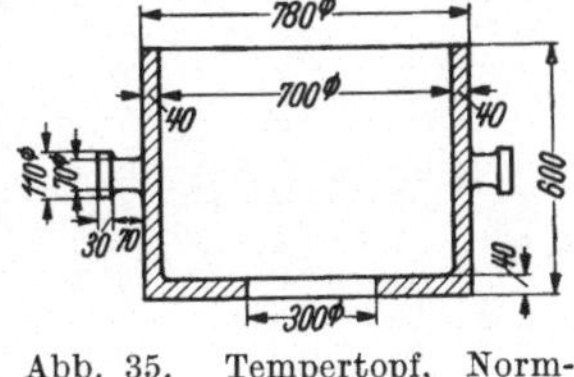

Abb. 35. Tempertopf, Norm- vorschlag.

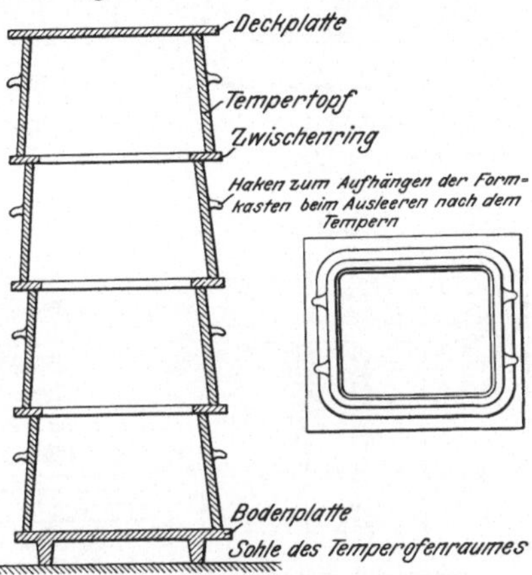

Abb. 36. Tempertopf, amerikanisch.

53. Temperöfen. Die Temperöfen sind entweder Kammer- oder Tunnelöfen. Beide werden mit Stückkohle (Rost- oder Halbgasfeuerung), Kohlenstaub, Gas oder Öl geheizt. Die drei letztgenannten Brennstoffe ergeben einen besseren wärme- wirtschaftlichen Wirkungsgrad, da sie mit einem geringeren Luftüberschuß vollständig und vollkommen verbrannt werden können. Der wärmewirtschaft- liche Wirkungsgrad ist bei dem Tunnelofen größer als bei dem Kammerofen, da die Abhitze seiner Verbrennungsgase zur Vorwärmung der Beschickung und die Abhitze der auskühlenden Tempertöpfe zur Vorwärmung der Verbrennungs- luft ausgenützt wird. Bei dem Kammerofen kann der Wirkungsgrad durch Ein- bau von Rekuperatoren oder Regeneratoren erhöht werden. Das feuerfeste Mauerwerk der Temperöfen wird zweckmäßig aus Leichtbausteinen hergestellt. Sie haben ein Raumgewicht von nur 700 kg gegen 1900 kg bei Verwendung von Schamottesteinen. Der aus Leichtbausteinen gemauerte Temperofen speichert weniger Wärme auf, er ergibt daher weniger Wärmeverluste beim Abkühlen und ist rascher auf Temperatur zu bringen. Die Kammeröfen glühen unterbrochen, die Tunnelöfen ununterbrochen.

Die Kammeröfen werden als Über- und Unterfluröfen gebaut. Zur leichteren Beschickung ist der Überflurofen mit einem ausfahrbaren Herd oder wie der Unterflurofen mit einem abhebbaren Gewölbe ausgestattet. Sind beide fest an- geordnet, so wird er mit von Hand oder durch Motor betriebenen Wagen be- schickt. Abb. 37 zeigt einen gasgefeuerten Rekuperativ-Überflurkammerofen mit abhebbarem Gewölbe. Gewöhnlich werden drei und mehr Kammeröfen zu einer Gruppe zusammengebaut. Die Kammeröfen fassen in Deutschland 3 bis 5, selten bis 10 t, in Amerika 20 bis 25 t. Der kohlegefeuerte Kammerofen ver- braucht beim Glühfrischen 120 bis 160% Brennstoff, beim Tempern 60 bis

90 %. Der gasgefeuerte Rekuperativkammerofen benötigt beim Glühfrischen 80 bis 100 %.

Die Tunnelöfen werden für große und kleine Leistungen gebaut. Unter 4 t Tagesdurchsatz gewährt er jedoch gegenüber dem Kammerofen keinen wirtschaftlichen Vorteil. Der Brennstoffverbrauch der Tunnelöfen beträgt bei Kleinausführung — 7 t Tagesleistung — bei weißem Temperguß 40, bei Schwarzguß 30 %.

In neuester Zeit wird auch die Elektrowärme zur Heizung von Temperöfen empfohlen. Eine besondere Bauart der Elektrotemperöfen ist der Haubenofen (Abb. 38). Er eignet sich besonders zum Schnelltempern. In diesem Fall wird am besten mit einem Satz von drei Haubenöfen gearbeitet. In dem ersten wird das Glühen bei 1000 und mehr Grad durchgeführt, die beiden anderen Öfen glühen das Gut bei den niederen Temperaturen zu Ende (s. Abb. 31). Außer der Beschickungsarbeit der Töpfe und dem Wechseln derselben wird der Glühprozeß selbständig durchgeführt. Der Beschickungswechsel wird durch Licht- oder Lautsignale gemeldet. Nach BUCHKREMER werden bei einer Anlage mit 3 Haubenöfen von je 2,4 t Einsatzgewicht, die täglich 2,6 t leistet, 400 kWh je t verbraucht. Bei einem Einsatzgewicht von 0,6 t steigt der Stromverbrauch auf 480 kWh/t. Bei einem Strompreis von 3 Pf. ergeben sich Heizkosten von 12 bzw. 15 RM/t. Bei Ausnützung des billigeren Nachtstromes sind sie niedriger.

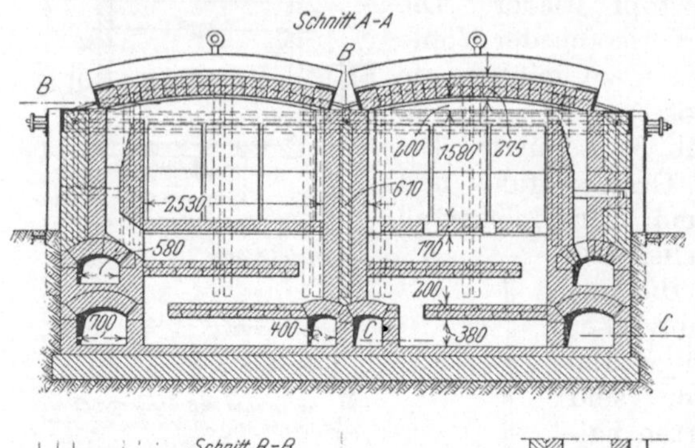

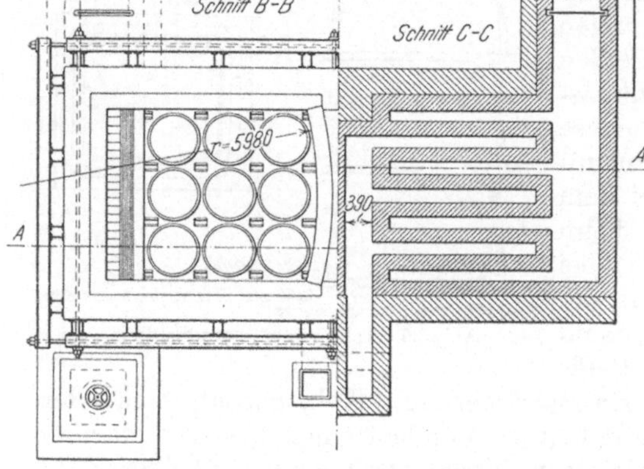

Abb. 37. Gas-Rekuperativ-Temperofen.

54. Glühbetrieb. Das Verpacken der Gußstücke muß mit großer Sorgfalt durchgeführt werden. Beim Glühfrischen soll der Glühsatz aus Gußstücken von annähernd gleicher Wandstärke bestehen, da die Glühdauer von der Wandstärke abhängt. Die Gußstücke sollen beim Einpacken so gelagert werden, daß sie sich beim Glühen nicht verziehen. Sie müssen im Tempererz gut eingebettet sein. Die Schicht desselben zwischen den einzelnen Gußstücken soll 15 bis 20 mm betragen. Ist der Topfstapel gepackt, so werden die Fugen zwischen den einzelnen Töpfen und zwischen dem Deckel und dem obersten Topf mit Lehm verschmiert.

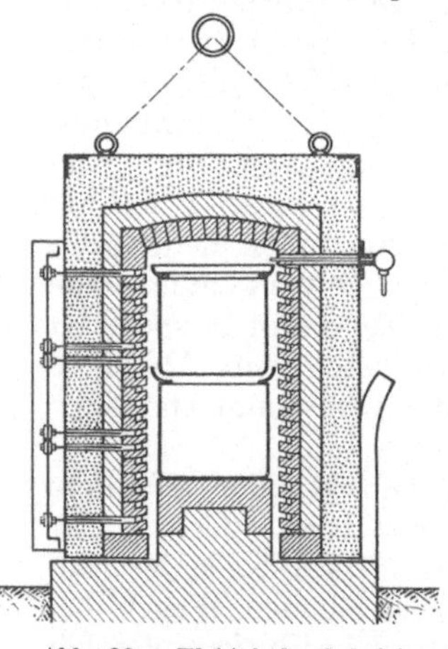

Abb. 38.   Elektrisch beheizter Haubenofen zum Tempern. (BUCKKREMER.)

Zuweilen werden die Töpfe mit einer Tonschicht überzogen, um sie vor der raschen Verzunderung zu schützen. Die Gußstücke werden außerhalb des Ofens eingepackt.

Die Töpfe werden so in den Ofen eingesetzt, daß zwischen den einzelnen Stapeln Abstände von etwa 20 cm vorhanden sind. Ist der Ofen gefüllt, so werden die Türen oder das Gewölbe geschlossen und mit Lehm verschmiert. Der Ofen soll so angeheizt werden, daß die Temperatur des Glühgutes nicht hinter der Temperatur des Ofens zurückbleibt. Beim Tempern ohne Packung kann rascher angeheizt werden. Für das Glühfrischen kommt der Temperaturbereich von 900 bis 1000⁰ in Frage. Das Tempern erfolgt in dem Bereich von 850 bis 950⁰. Die Geschwindigkeit der Abkühlung ist den Abb. 31 und 34 zu entnehmen. Sobald die Beschickung auf 600⁰ abgekühlt ist, nimmt man die Töpfe aus dem Ofen und läßt sie an der Luft erkalten. Die Glühtemperaturen werden mit Pyrometern überwacht, die an einer solchen Stelle in den Ofen eingeführt werden müssen, daß sie von keiner Stichflamme getroffen werden, und daß sie kein von den Glühtöpfen abblätternder Zunder zudecken kann.

XI. Fertigmachen des Tempergusses.

Nach dem Entleeren der erkalteten Tempertöpfe wird der Guß in Scheuertrommeln oder mit dem Sandstrahldrehtischgebläse von dem anhaftenden Glühmittel befreit. Je besser der Rohguß geputzt war, um so leichter ist der Temperguß zu reinigen. Das Abblasen mit dem Sandstrahl, durch das der Guß ein silbergraues Aussehen erhält, ist dem Scheuern vorzuziehen, da bei diesem die scharfen Ecken und Kanten leicht abgescheuert werden. Bei weißem Temperguß müssen die Eingußüberreste noch durch Schleifen entfernt werden. Stücke, die beim Glühen verbogen wurden, werden wieder gerade gerichtet. Dünnwandige Gußstücke werden kalt, dickwandige werden warm gerichtet. Schwarzguß darf dabei nicht zu lange erhitzt werden, da er sonst wieder hart wird. Er muß nach dem Richten langsam erkalten. Sind an dem Gußstücke zur Verhinderung seiner Verformung beim Glühen Abstandsleisten oder Verstärkungsleisten angebracht worden, so müssen auch diese noch entfernt werden.

XII. Prüfung und Abnahme[1].

Die Tempergußstücke müssen eine saubere Oberfläche haben. Sie müssen auch in stärkeren Querschnitten gut bearbeitbar sein und dürfen keine Werkstoffehler aufweisen, die ihre Verwendbarkeit beeinträchtigen.

Für die Gewichtsberechnung ist ein mittleres Gewicht von 7,4 kg/dm³ in Rechnung zu stellen. Sofern keine besonderen Vereinbarungen getroffen wurden, darf das Versandgewicht das Durchschnittsgewicht maßhältig gegossener Abgüsse bei Maschinenformerei höchstens um 5 %, bei Handformerei um höchstens 10 % überschreiten.

Die Festigkeitseigenschaften sind an Probestäben zu ermitteln, die mit den Gußstücken aus der gleichen Schmelze gegossen werden und die gleiche Glühbehandlung erhalten. Der Probestabdurchmesser soll möglichst der mittleren Wanddicke der zugehörigen Gußstücke entsprechen. Wurde

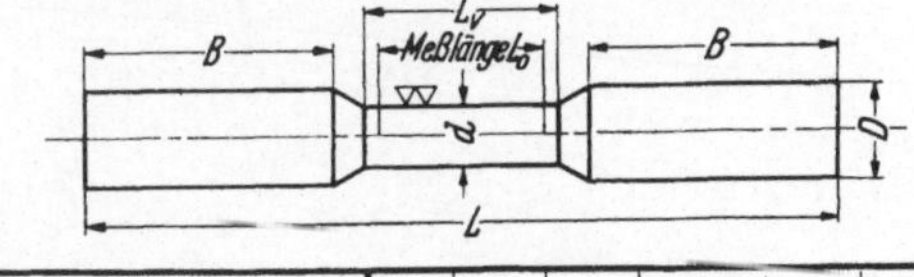

Bezeichnung	d	D	h	L_t	L_0	L_v	r
Probestab 6 DIN 1692	6	10	30	88	18	20	6
Probestab 9 DIN 1692	9	13	40	120	27	30	6
Probestab 12 DIN 1962	12	16	50	150	36	40	8
Probestab 15 DIN 1692	15	19	60	180	45	50	8
Probestab 18 DIN 1692	18	22	70	210	54	60	10

Abb. 39. Ausführung des Probestabes.

---

[1] Nach DIN — E 1692.

bei der Bestellung der Probedurchmesser nicht vorgeschrieben, so bestimmt der Lieferer seine Abmessungen. Seine Ausführung ist der Abb. 39 zu entnehmen. Die Probestäbe 6 und 18 sollen wegen Herstellungsschwierigkeiten und aus prüftechnischen Gründen möglichst eingeschränkt werden. Die Bestimmung der Bruchdehnung ergibt nur dann richtige Werte, wenn der Probestab im mittleren Drittel der Meßlänge bricht. Ist dies nicht der Fall, so ist der Versuch zu wiederholen.

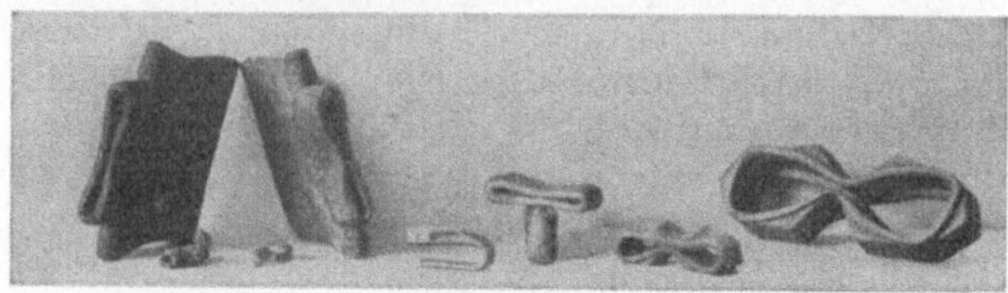

Abb. 40. Fitting, technologische Erprobung.

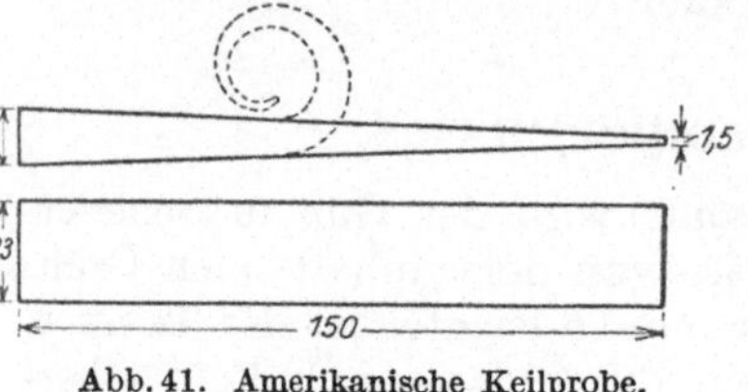

Abb. 41. Amerikanische Keilprobe.

Rohrverbindungsstücke (Fittings) werden, wie Abb. 40 zeigt, technologisch erprobt. In Amerika wird der Schwarzguß auch technologisch geprüft. Eine einfache, sehr verbreitete technologische Erprobung ist die Keilprobe (Abb. 41). Die Keile werden unter einem Fallhammer fest eingespannt und hierauf durch Schläge von 10 mkg zu einer Spirale geformt. Die Schläge werden bis zum Bruch fortgesetzt. Die Länge des umgebogenen Endes und die Stärke des Zusammenrollens läßt einen Schluß auf die Biegungsfähigkeit, die Zahl der Schläge auf den Widerstand gegen Ermüdungsbeanspruchungen zu.

Druckfehlerberichtigungen.

Seite 26. Zeile 8 von oben statt „Gußboden" lies „Quarzboden".

Seite 26. Zeile 4 von unten statt „basischen" lies „saueren".

Seite 65. Abb. 39 ist durch die nachstehende Abbildung zu ersetzen.

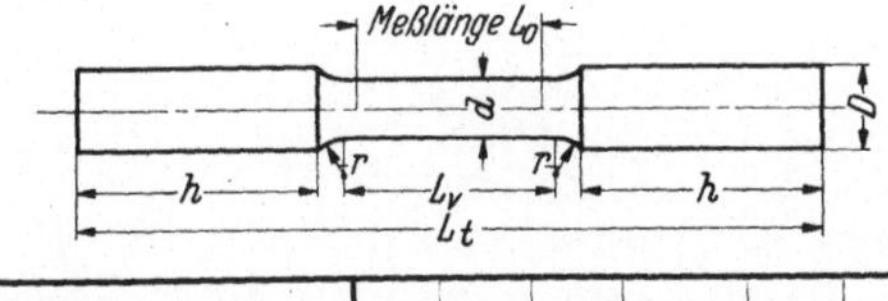

Bezeichnung	d	D	h	L_t	L_o	L_v	r
Probestab 6 DIN 1692	6	10	30	88	18	20	6
Probestab 9 DIN 1692	9	13	40	120	27	30	6
Probestab 12 DIN 1692	12	16	50	150	36	40	8
Probestab 15 DIN 1692	15	19	60	180	45	50	8
Probestab 18 DIN 1692	18	22	70	210	54	60	10

Abb. 39. Ausführung des Probestabes.

Kothny, Stahl- und Temperguß. 2. Aufl.